生活因阅读而精彩

生活因阅读而精彩

相信
是万能的开始
正向心态如何创造奇迹

任 飞 ◎ 著

中国华侨出版社

图书在版编目(CIP)数据

相信,是万能的开始:正向心态如何创造奇迹 / 任飞著.
—北京:中国华侨出版社,2014.3（2021.4重印）

ISBN 978-7-5113-4505-9

Ⅰ.①相… Ⅱ.①任… Ⅲ.①成功心理–通俗读物
Ⅳ.①B848.4–49

中国版本图书馆 CIP 数据核字(2014)第049815号

相信,是万能的开始:正向心态如何创造奇迹

| 著　　者 / 任　飞 |
| 责任编辑 / 月　阳 |
| 责任校对 / 王京燕 |
| 经　　销 / 新华书店 |
| 开　　本 / 787 毫米×1092 毫米　1/16　印张/18　字数/249 千字 |
| 印　　刷 / 三河市嵩川印刷有限公司 |
| 版　　次 / 2014年5月第1版　2021年4月第2次印刷 |
| 书　　号 / ISBN 978-7-5113-4505-9 |
| 定　　价 / 48.00 元 |

中国华侨出版社　北京市朝阳区静安里26号通成达大厦3层　邮编:100028
法律顾问:陈鹰律师事务所
编辑部:(010)64443056　64443979
发行部:(010)64443051　传真:(010)64439708
网址:www.oveaschin.com
E-mail:oveaschin@sina.com

前言

没有到不了的明天

你对自己的生活满意吗？那么，工作呢？还有爱情？

看到这个问题，你能给自己打多少分呢？

如果你的生活中没有幸运出现，缺少机会，反而会频繁地出现沮丧、不安、恐惧、绝望的心理状态，那么你要扪心自问，你相信吗？你是否相信自己，是否相信信仰的力量，是否相信幸运之神的存在，是否相信付出总有回报，是否相信没有不可能只有想不到……

我们常常怀疑爱情，然而更多的美好在怀疑中错过；我们常常踌躇不前，却不知道梦想因此而越来越远；我们常常觉得自己不幸，却不知道幸运就此溜走。太多的好运和机会，在怀疑、犹豫、自卑中流失，美好的时光也一去不返。

一个人是否成功或幸福，真正的决定性力量在于他的内心，他是否有相信的信念，是否在内心构筑了这样的意念。

　　相信，是一种神奇的力量，是万能的开始。当你相信一件事情必然会发生，内心能量就会启动，从而吸引相同事情的发生。心中有希望，世界就不会绝望；心中有梦想，未来就不会荒凉；心中有暖，便是晴天。

　　无论今天有多么狼狈不堪，明天依旧会如约而至，你唯一能把握的就是在悠然的时光里，做最好的自己。心向阳光就能永远阳光，心有阴霾就永远雨天，意志坚定就能战胜所有困难。即使不是艳阳高照，也要把心灵调整到最佳状态，你相信，好运就来。

　　世事再艰难，也抵不过相信的力量。不管世界如何改变，不管未来如何多艰，我们都要相信，没有到不了的明天。

　　本书是一部改变年轻人命运的心灵励志书，以"你拥有，是因为你相信"为主题，深入浅出地阐释了"相信"的力量，在详细生动的叙述中娓娓道出"相信"的思维和智慧，相信读后能让你的人生豁然开朗，勇敢追逐幸福的方向。

目录 CONTENTS

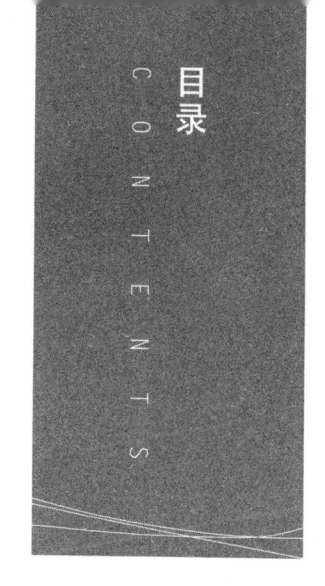

第一章　人生，一次无法抗拒的前行

003 \ 坦然面对失去

006 \ 人生，不存在如果

009 \ 做自己人生的设计师

013 \ 没有包袱的人生，才能轻松前行

015 \ 此刻，是一去不返的时光

019 \ 下一个球最好

第二章　改变，从自己开始

025 \ 改变世界之前，先改变自己

028 \ 不奢望做命运的宠儿

031 \ 你主动创造机会了吗

034 \ 晴天或雨天，我都快乐

037 \ 付出让好运降临

040 \ 做一滴不干涸的水

043 \ 让自己常新

045 \ 走出圆圈看世界

第三章　信念是火焰，它指给我们光明的路

051 \ 有信念，便永不绝望
054 \ 朝着"北斗星"的方向
058 \ 心中有梦自会飞
060 \ 用高远的目标为人生导航
064 \ 沉下心，坚定信念
067 \ 信念是火焰，指给我们光明的路

第四章　内心的强大，是突破的开始

073 \ 跳出心灵的围墙
076 \ 别让压力占据心灵
080 \ 让幸运充满内心
082 \ 纵然忙碌，也要漫步人生
085 \ 抛弃"打工仔"的心态
088 \ 用感恩的心改变一切

第五章　在最深的绝望里，遇见最美丽的惊喜

095 \ 假如你的生命里只有一个柠檬
098 \ 身陷枯井，也能逢生
101 \ 还心一片晴空
104 \ 关上一扇门，还有一扇窗
108 \ 永远不要让情绪控制你
112 \ 不忧明天，不惧未来
115 \ 用微笑承受一切不幸和痛苦

第六章　一种悲剧，是另一种美丽的开始

121 \ 即使不幸，也不要悲伤

123 \ 幸运，只是多看了一眼

126 \ 换个角度，柳暗花明

129 \ 推开成功那扇虚掩的门

132 \ 用积极的心态化解忧患

第七章　含泪播种的人，一定能含笑收获

139 \ 加一把火，水就沸腾

142 \ 积小流，成江海

146 \ 培植一棵忍耐的树

148 \ 浴火，而后重生

152 \ 给船加点儿水

155 \ 用心耕耘，只为收获成功

159 \ 退一步，许自己一片海阔天空

162 \ 漫长等待，只为花开

第八章　计划一万次,不如行动一次

169 \ 行动比想法更重要

172 \ 追寻梦的脚步,从不停止

175 \ 别让犹豫绊住了成功的脚步

178 \ 不要把今天的事情推到明天

181 \ 先扫一屋,再扫天下

第九章　先做对的事情,再把事情做对

185 \ 把自己放到正确的位置上

188 \ 工作的方向不能偏离

191 \ 问题到底是什么

193 \ 第一次就把事情做对

196 \ 做对自己该做的事

第十章　不断地超越与奋战,你就是赢家

201 \ 学会冒险,告别怯懦

204 \ 没有退路,才会有出路

205 \ 面对竞争,不逃避

209 \ 最能依靠的人是你自己

211 \ 在自省中蜕变

214 \ 借他人之镜,看清自己

217 \ 成功唯一的敌人是自己

第十一章　不放弃，一种"相信我能"的力量

223 \ 不可轻言放弃的是努力

225 \ 跨越苦难，迈向成功

228 \ 以微笑面对挫折，与成功亲密相拥

231 \ 不服输的人生，不会输

234 \ 失败了，也要毅然站起来

第十二章　成功，是坚持开出来的花朵

241 \ 成功，是坚持开出来的花朵

244 \ 如果每天都能进步

247 \ 痛苦的蛰伏是为了美丽的飞翔

249 \ 用一生的时间凿一口井

252 \ 没有一蹴而就的成功

第十三章　发现你自己，你就是你

259 \ 塑造好自己的形象

261 \ 被上帝咬过的苹果

264 \ 发现你自己，你就是你

267 \ 积极的自我暗示，让你潜能无限

270 \ 天地万物都值得欣赏

273 \ 拥有实力让你更加自信

第一章 人生，一次无法抗拒的前行

人生的每一步，都无法回头。你所要做的就是，选择一条路，坚决地走下去。

坦然面对失去

"如果你为错过太阳而流泪,那么你也将错过月亮和星辰。"

——泰戈尔

漫漫人生路上,我们会得到很多东西,但同样也会失去一些,正是失去的这份刻骨铭心的痛苦回忆,让有的人念念不忘,永远活在失去的暗影中无法自拔,这样怎么可能走好今后的路,欣赏到更好的美景?

失去了就失去了,伤神无济于事、郁闷无济于事,再怎么哭也哭不回来,还会让你在泪眼朦胧中迷失前行的路,成为下一个得到的障碍。唯一的办法就是有意识地不受牵绊,爬起来拍拍身上的灰尘,洒脱地重新走上人生的旅途。

关于失去,泰戈尔的《飞鸟集》有这样一句话:"如果你为错过太阳而流泪,那么你也将错过月亮和星辰。"已失去的如"奔流入海不复回",为什么你还在为失去而悔恨、抱怨,却不知如何去拥有更多呢?

在美国某个中学里,保罗博士在任教期间发现这样一个问题:班上的许多学生都会为已经考完但还未出来的成绩而感到不安。他们总是在交完考卷后充满了忧虑,担心自己不能及格,以致影响了下一阶段的学习。

为了开导这些同学,保罗博士给他们上了这样一堂难忘的课。

一天,保罗博士把这些学生招集到实验室,在给他们讲课的过程中,他把一瓶牛奶放在桌上,然后沉默不语。学生们不明就里地看着老师,不知道这瓶牛奶和他们要上的这节课有什么关系,只是静静地等待着。

忽然,保罗博士站了起来,一巴掌将那瓶牛奶打翻在地上。

学生们都很惊讶,纷纷议论说牛奶就这样浪费掉太可惜了。

这时候,保罗博士一字一句地说:"不要为打翻的牛奶哭泣!我希望你们永远记住这个道理,牛奶已经流光了,无论你们怎样后悔和抱怨,都没有办法取回一滴,而且劳心费神、分散精力,没有一点儿益处。我们现在所能做到的就是把它忘记,然后注意下一件事。"

因此,在日常生活与工作中,不要为打翻的牛奶哭泣。也许你认为"不要为打翻的牛奶哭泣"是陈词滥调。这句话的确极为平凡,说是老生常谈也可以。但是你不能不承认,这句经过无数年代传诵的谚语聚集了许多智慧。

尘世之间,变数太多,就像牛奶突然之间被打翻了一样,事情一旦发生,就绝非一个人的心境所能改变的。遭受了损失,与其沉浸在痛苦中不能自拔,阻碍自己前行的脚步,遭受更大的损失,不如一门心思向前走。

我国台湾著名绘本画家几米说过这样一句非常经典的话:"生命中,不断有人离开或进入。于是,看见的,看不见了;记住的,遗忘了。生命中不断有得到和失落。于是,看不见的,看见了;遗忘的,记住了。"

我们的人生就是一列不断前进的火车,这一站有人下,下一站有人上,总有一些人、一些事要离开,我们能做的不是就此停下,不再前进,而是记住他们曾带给我们的温暖,然后再去习惯没有他们的旅程。

这个世界本来就是一个得到和失去的过程,聪明人永远不会坐在那里为自己的损失而哀叹和悲伤,却情愿去寻找办法来弥补他们的损失,前进、前进、再前进。这使他们时常表现出一种豁达乐观、淡定从容之仪,生活得更快乐。

有这样一则故事。

老张是一位古董收藏爱好者，几乎到了如痴如醉的地步，他家里堪比一个古董店。尽管如此，老张每次碰到心爱的古董，即使无购买能力，他都会想尽一切办法得到它，可见其痴迷程度。

这天，老张在古董市场上花大价钱买下了一件自己向往已久的青花瓷盆，他把这件宝贝绑在自行车后座上，便高高兴兴地骑上车回家了。谁知，走到半路，突然听到"咣"一声，青花瓷盆从自行车后座上滑落下来，摔得粉碎。

后面骑车的路人赶紧停了下来，他以为老张肯定会从自行车上跳下来，对着已经化为碎片的瓷盆扼腕痛惜，但是让人意想不到的是，老张连头也没回，继续向前骑车。路人以为他不知道，便大声喊道："老人家，你的瓷盆摔碎了！"

老张还是头也没回，径直往前走了。

路人见此，很纳闷，赶上前去问道："我说你的瓷盆摔碎了，你没听见啊？"

"听到了。"老张侧身和路人笑着说道，"刚才听声音，瓷盆一定是摔得粉碎了，我回头看一看又有什么用呢！再怎么呼天抢地，瓷盆还是不会自动复原的，干吗还费这个力气呢？再说天快黑了，我家远着呢，还是先赶路吧。"

尽管青花瓷盆是老张的最爱，但是当得知瓷盆摔碎之后，他并没有扼腕痛惜、痛心疾首，甚至不曾回头看一眼，这种洒脱的心态使他瞬间便成为了众人眼中淡定从容的人，而他也必将能够心安理得地走向未来。

总之，人生是不懈不怠地去探寻、去追求的过程，不能总向后看，而应尽量向前看。把目光放远一点儿，不要为打翻的牛奶哭泣，不要为碎了的瓷盆伤神，否则，就真如泰戈尔所言，如果你为错过太阳而流泪，那么你也将错过月亮和星辰。

人生，不存在如果

开弓没有回头箭，人生是不可拒绝的嬗变。

如果可以，我希望回到童年那个无忧无虑的时光。

如果可以，我一定好好学习所有的东西，打造一个完美的自己。

如果可以，我一定珍惜曾拥有的一切，不致失去后才知道它的美好。

如果可以，我一定会选择一个新的起跑点，开始一段新的人生。

如果可以……

生活中，我们不时能听到人们这样或那样的抱怨和感叹：如果可以……那该有多好！然而，我们不得不承认这样一个事实：人生是一次不能抗拒的前行，根本没有如果，也没有假如，而只有继续。

西楚霸王项羽，一夕之间四面楚歌、国破家亡、自刎乌江，恍如命运和他开了个玩笑，如果回到从前，鸿门宴上他肯定不会再对刘邦心软，或许历史也将从此被改写。然而，"花有重开日，人无再少年"，谁都知道这是不可能的事。

开弓没有回头箭，人生是不可拒绝的嬗变，它的许多过程不能刻意寻找，也寻找不来。若不能把另一个自己从虚拟的"如果"中抽出来，总是哀伤遗憾，或留恋沉迷，除了劳心费神、分散精力之外，还有可能遭遇更大的不幸。

有一位妇人，她在上街的时候，不小心掉了一把雨伞，就因为这一件小事，她一路上都十分懊恼，还不停地责怪自己："我怎么如此不小心，如果我多留心点的话，如果我当初不拿雨伞的话，或许雨伞就不会丢了……"

等回到家之后，这位妇人才发现，由于太专注自己已经丢失的那把雨伞，在仓促与不安中，居然又一不小心把自己的钱包也弄丢了，她后悔地说："如果我那会儿不那么关注雨伞的话，我……"

读过禅学的人知道，"境"由"心"而生，并且由"心"而灭，但我们绝大多数人的"境"灭而"心"不灭、境况大为不同时，心中却还在念念不忘，因此有了刻舟求剑、守株待兔的可笑故事。

话说回来，如果真的有"如果"，我们的生命可以重头来过，如果我们的人生可以重新开始，当初在选择道路的时候，选择另外一个岔路口，那么，我们的生活会不会更加精彩？我们的人生会不会不一样？未必！

《蝴蝶效应》是一部著名的美国电影，这部电影有着最精妙的一个构思：男主角埃文具有穿梭时空的能力，这为他提供了可以反悔的机会，他决定要用这项能力回到过去修正已经发生过的事实。

然而，埃文一次次跨越时空的更改，只能越来越招致现实世界的不可救药。一切就像蝴蝶效应般，牵一发而动全身，出现了防不胜防的意外。他挽救了心爱女友凯丽的生命，但却失手打死了凯丽的弟弟汤米，导致了自己的监狱之灾；他回到了爆炸的那天，将靠近信箱的母子扑倒，自己却变成了失去双臂的残疾人，母亲因此染上了烟瘾，得了肺癌；而凯丽则成为了别人的女友……

这种虚构的妄想仅仅只能停留在幻想里而已，或者停留在电影里。而这部电影要告诉我们的是，其实如果真的有"如果"，我们可以选择人生的话，也许一切并不如同我们所想象的那样美好。因为人生不可能停留、主客观情势都在不断地变化，此时已不是彼时，此人也非彼人。

所以，在我们的生命里，"如果"这个词是不存在的，人生不可假设，也不能重来，只有坦然面对和接受，把"如果"去掉，改成"下一次"，下一次我一定要如何如何……"相信我能"，这才是坚强的，也是聪慧的。

怀揣着一份创业的梦想，许琪靠着几年工作一分一厘攒下来的积蓄，又从朋友那里筹借了点儿钱，开办了一家广告工作室。许琪原本以为自己在公司做到了创意总监的位置，策划、制作广告的能力很棒，开办公司不成问题，谁知业务并不好做。

许琪不停地去跑业务，但由于欠缺销售知识，半年来她没有拉来一单业务，工作室用钱的地方又非常多，结果所有的存款和现金加起来也不足5000元了。最后她只得把工作室关闭了，又重新找了一份广告类工作，从基层做起。

这时候，朋友们都替许琪惋惜："如果当初你在原来的公司踏踏实实地工作，老老实实地做你的创意总监多好啊，哪会落到现在这个地步。""现在后悔了吧，如果再回到过去，你是不是就不会做出开办公司的糊涂决定了呢？"……谁知，许琪不以为然，她说道："人生没有如果，我不后悔当初的决定，后悔也没有用，我只是知道了下一次要是再开办公司的话，我一定要提前学习一下业务工作。"

两年后，许琪再一次辞掉稳定的工作，开办了自己的工作室。已经熟悉业务工作的她，做起业务工作来毫不含糊。经过两年的艰苦奋斗，如今这个小小的工作室已经摇身一变成为了"许琪广告公司"，注册资金100万元。

每当亲朋好友问到许琪这几年的创业经历时，她总是淡淡一笑，意味深长地感慨道："生命的价值是要靠你去改变的，当你做出了选择的时候，你就要承担起对它的责任，因为生命只相信你自己，而不是'如果'。"

人生没有如果，机会只有一次，错过了就是错过了，在它的词典里没有重来，它不会给任何人开小灶。只有认识到这一点，我们才愿意让自己由"如果"的虚幻走向真实，才有勇气"相信我能"，进而获得人生中的佳境。

记住，人生最大的障碍就是"如果"。去掉"如果"，改说"下一次"，下一次我一定要如何如何、下一次我一定会做好的，这样才能阻止"如果"的事故继续重演下去，而这将构成使你成功的要素。

做自己人生的设计师

设计自己的人生，走一条属于自己的路。

当面临人生的十字路口时，有人徘徊、有人决绝；有人半途而废，也有人勇往直前。在抉择前，我们可以参照别人的方式、方法、态度等，但一定要坚持做自己人生的设计师。因为人生是不能抗拒的前行，我们每个人只有一次机会。

有这样一个故事。

一个农夫与儿子共同赶着一头驴到附近的市场去做买卖。

没走多远，父子俩就看见几个路人对他们指指点点，其中一个人大声喊道："你们见过像他们这样的傻瓜吗？有驴不骑，宁愿自己走路。"听到这话，农夫心中很是在意，立刻让儿子骑上了驴，自己则在后面跟着走。

走了一会儿,他们又遇见一群老人,只听他们哀叹道:"你们看见了吗?现在的老人可真是可怜。看那个孩子自己只顾骑着驴,却让年老的父亲在地上走路。"农夫听到这话,连忙让儿子下来,自己又骑上去。

走了一半的路程时,父子俩又遇上一群孩子,孩子们七嘴八舌地乱喊乱叫着:"嘿,你们瞧那个狠心的爹,他怎么能自己骑着驴,让自己的孩子跟在后面走呢?"农夫听罢,又立刻叫儿子上来,与他一同骑在驴背上。

快到市场时,又听到有人说:"哟,这驴多惨啊,竟然驮着两个人,真怀疑这是不是他们自己的驴。"另一个人插嘴说:"哦,谁能想到他们这么骑驴啊,瞧驴都累得气喘吁吁了,这样的驴哪有人肯买啊。"

听到这话,农夫对儿子说:"怎么骑驴都是错,依我看,不如咱们两个人驮着驴走。"于是,他和儿子急忙从驴上跳下来,用绳子捆上驴的腿,找了一根棍子将这头驴抬起来,卖力地向前赶路。

当父子俩使出了浑身的劲儿将这头驴抬到闹市入口的小桥上时,又引起了桥头上一群人的哄笑。当时驴受了惊吓,挣脱了捆绑,撒腿就跑,不想却失足落入河中淹死了。农夫最终空手而归,他既懊恼又羞愧。

在此把这样的故事讲出来,似乎十分可笑。然而,这种任由别人支配自己行为的事情并非只在故事里出现。在生活中,我们常常会不自觉地在乎别人的眼光,为了得到别人的满意,小心翼翼,甚至费尽心机。

殊不知,这样一来,那个真实的自己就会逐渐离我们远去。一个活在别人的标准和眼光之中的人是盲目和迷失的、痛苦而悲哀的。因为人生只有一次,而他们从来都不曾体会过由自己亲手设计命运的快乐。

更何况,每个人的利益是不一致的,每个人的立场、每个人的主观感受也是不同的,想做到面面俱到是绝对不可能的。即使我们千般小心、万般在意，也照样还会有人不满意，照样无法让所有人接受自己。

所以，我们不必活在别人的目光中，处处担心别人怎么想自己、看待自己，而应该"相信我能"，抛开别人的眼光，做自己人生的设计师。只有走出一条属于自己的道路，当要离开这个世界时，我们才有资格说：此生无悔无憾。

然而，做自己人生的设计师并不是一件容易的事，而是一个艰难的奋斗过程。在这个过程中，我们不仅要忍受不被人理解的困扰和庸碌者无知的嘲笑，更需要有足够的智慧、魄力和勇气，以孜孜不倦的热情向前进。

莎士比亚在很小的时候，有机会接触到了剧团演出。他惊奇地看到为数不多的几个演员凭借一个小小的舞台，竟能演出一幕幕变幻无穷的戏剧来，便暗下决心：以后要当个戏剧家，从事戏剧事业。

但是，当时英国的戏剧工作是一个非常高级的职业，那里活跃着的是一批批受过牛津、剑桥等高等教育，而且在戏剧方面有些成绩的"大学佳人"职业剧作家。他们把持并垄断了剧坛，不许他人插入。

而莎士比亚呢？他的父亲原本是一个做羊毛生意的商人，后来生意失利，一家人的生活失去依托。14岁的莎士比亚只好中途退学，协助父母维持生意、做些家务。因此，一个成名的剧作家曾以轻蔑的语气写文章嘲笑过成名前的莎士比亚，称他是一个"粗俗的平民"，竟敢同"高尚的天才"一比高低。

不过，困苦的生活、他人的嘲笑都没有使莎士比亚心灰意冷。为了更加接近戏剧事业，莎士比亚主动到戏院做马夫，专门等候在戏院门口伺候看戏的绅士。待表演开始后，他就从门缝或小洞里窥看戏台上的演出，边看边细心琢磨剧情和角色。

为了提高和丰富自己的知识，莎士比亚经常深入下层社会，观察那些流浪汉、江湖艺人和乞丐，同自己周围的各种人谈心，体会他们的思想感情。

同时，他还大量阅读各种书籍，了解了各国的历史和人民不幸的命运。

27岁那年，莎士比亚写了历史剧《亨利六世》三部曲，剧本上演，大受观众欢迎，引起戏剧界的普遍注意，他终于有幸进入伦敦戏剧界。1595年，莎士比亚又写了《罗密欧与朱丽叶》，剧本上演后，他成为一名闻名海外的戏剧家。

任何一个人在成功的路上，身边永远都会围绕着这样或那样或质疑、或挑剔的眼光，但是别人的目光纵有千千万也不重要，也比不上我们对自我生命的期待，没有人可以成为我们人生舞台的设计师。

有一句话说："20岁时，我们顾虑别人对我们的看法。40岁时，我们不理会别人对我们的看法。60岁时，我们发现别人根本就没有看我们。"这并非消极，因为大多数人都有自己的事情要做，并没有多少时间把注意力集中到别人身上。

比如，你在路上不小心摔了一跤，惹得路人哈哈大笑。你当时一定很尴尬，认为全天下的人都在看着你。但是你如果站在别人的角度考虑一下就会发现，这只是他们生活中的一个小插曲，甚至有时连插曲都算不上，他们顶多哈哈一笑，然后就把这件事忘记了。

"相信我能"，不必太在乎别人的眼光，做自己人生的设计师，试着走一条属于自己的路吧。这不是谁都能够做到的，如果你做到了，你就能活得更加接近真实的自己，就能演绎出自己的特别，泰然自若地走出不平凡的道路。

没有包袱的人生，才能轻松前行

生命如同一段旅程，适时做减法，让身心轻松上路，心无挂碍。

西方有一句著名的话："Life is a journey!"也就是说，生命如同一段旅程。在这段旅程中，每个人都背着一个空行囊向前行走，在路上，我们会捡拾到很多东西：责任、友谊、爱情、地位、权力、财富……

殊不知，如果在往前赶路的过程中，我们不断地把每一个阶段的"成败得失"全都打在肩上，过去就会变成我们的包袱，沉重得让前进的阻力越来越大，我们的身心就会不堪重负，旅程中的快乐也就渐渐地消失了。

一个青年背着一个大包裹千里迢迢跑来找灵智大师，他说："大师，我是那样的执着、坚强，长期跋涉的辛苦和疲惫难不住我，各种考验也没有能吓倒我。但是，为什么我总是找不到心中的阳光，感到孤独、痛苦和寂寞？"

大师问："你的大包裹里装的是什么？"

青年回答："它们对我可重要了。里面是我每一次跌倒时的痛苦、每一次受伤后的哭泣、每一次孤寂时的烦恼……靠了它们，我才有勇气走到您这里来。"

大师听完安详地问道："每次过河之后，你是不是要扛着船赶路？"

年轻人很惊讶："扛船赶路？它那么沉，我扛得动吗？"

大师微微一笑，说："过河时，船是有用的，但过了河，就要放下船赶路，否则它会变成我们的包袱。"

年轻人顿悟，他放下包袱，顿觉心里像扔掉一块石头一样轻松，他发觉自己的心情轻松而愉悦，步子也比以前快得多。

故事中这位年轻人因为不懂得如何忘记每一次跌倒时的痛苦、每一次受伤后的哭泣、每一次孤寂时的烦恼……导致了内心郁积，又因为懂得了卸下过去，最终轻装前行，很多事情得以释怀。

几乎每一个现代人都有过这样的体验：手机短信的收件箱满了，屏幕上方的那个邮件小标识一闪一闪的，提示着我们必须删除一些收件箱的短信，只有腾出空间才能接收新来的一条。

生命如同一段旅程，如果你希望这唯一的一次旅程是快乐而轻松的，那么就超脱一点儿、自由一点儿，放下过去的包袱，丢弃掉那些多余的负担，丢掉那些旧的恐惧、旧的束缚、旧的创伤，放下任何不值得背负的东西。

要知道，天使之所以能够在高空中飞翔，是因为她有双轻盈的翅膀。当给她的翅膀系上了多余的包袱，她就可能再也飞不远了。我们也是如此，只有把不该记忆的事如流水般忘掉，才能让一颗自由之心越过尘世，在广袤的天地间翱翔……

"智慧的艺术，就在于知道什么可以忽略。"心理学先驱威廉·詹姆斯如是说："天才永远知道可以不把什么放在心上。"毕竟，人的时间和精力都是有限的，如果什么都要背负，恐怕只会心有余而力不足。

有一个有趣的名词——"减法人生"。所谓减法人生，就是要有选择、有目的地剔除那些多余而繁冗、令自己力不从心的包袱，把自己从混乱无章的感觉中解脱出来，尽情地享受人生。

做好人生减法，放下身上的包袱，并非不思进取、消极厌世、慵懒沮丧，驻足不前，而是对自己重新进行整合，是参透世事、等待时机、蓄势待发，是为了更长远地进步，是为了更广阔、更持续地拥有。

在现实生活中，你是否检查过自己身上有形或无形的"背包"呢？你知道自己的背上扛了多少无价值的、不必要的包袱？你准备还要扛多久？你是否时常会感觉内心沉重、身心俱疲呢？

当你意识到这些的时候，请记得适时地给自己的人生做一道减法，时常放下身上的包袱。你会发现，自己的心灵更容易平静下来，你会在人生旅程中拥有一个更加充实、坦然和轻松的转身，愉悦、轻松地朝希望的未来前进。

此刻，是一去不返的时光

即使你每天祈祷100遍，你也不可能回到从前。

生命从降生的那一天就开始了一场不能抗拒的前行，这个过程是不以我们的意志为转移的，此时此刻，我们不是为过去而活，也不是为未来而活，因为生命的意义是由每一个唯一的此时此刻构成的。

然而，我们中的不少人却不懂得这个道理，总是一味地憧憬未来更美好的东西，或者一味地留恋或抱怨过去的事情而忽视我们当前所拥有的此时此刻，如此，我们的心便处于浮躁的状态，难以控制生命的脉动。

著名作家斯宾塞·约翰逊写过一本名为《礼物》的书，内容很发人深省。

有一个孩子问一位充满智慧的老人："世界上有最珍贵的礼物吗？"老人回答道："有！世界上最珍贵的礼物可以让人生获得更多的快乐和成功，可这个礼物只有依靠自己的力量才能找到。"

于是，这个孩子从童年到青年，走遍千山万水，用尽所有的办法四处找寻这个最珍贵的礼物，可是他越拼命寻找，越感到生活得不快乐，而他生命中那个最珍贵的礼物自始至终都没有出现。

到后来，气急败坏、心生绝望的年轻人决定放弃，不再没有目的地追寻世界上最珍贵的礼物了，而此时他赫然发现，苦苦寻找的东西原来一直在自己的身边，这个人生最好的礼物就是"此刻"。

逝者不可追，来者犹可待。即使你每天祈祷100遍，你也不可能回到从前，或者提前到达以后，而生命正以令人难以置信的速度飞快地溜走，我们生活在完全独立的今天，今天才是最值得我们珍视的唯一时间。

内心的平静、个人的成就都取决于我们是否活在现在这一刻。这是因为，无论未来将会怎样，抑或过去曾经怎样，结果都是相同的。我们因为没有关注当下而错失了最真实、最美好的现在。

活在当下不是"今朝有酒今朝醉，不管明日有忧愁"，是以未来为导向、以过去为借鉴，活在过程中。现在连接过去和未来，活在当下，抓住生命中的此时此刻，才能够把握好现在，体会生命的喜悦，才能够抵达和成就未来。

莉娜今年已经六十多岁了，最近她身心备受打击，倒霉的事情接踵而至，丈夫刚去世不久，儿子又坠机身亡。一连串的打击让她的心都碎了，她不知道今后的路自己能否坚持走下去，整日郁郁寡欢。

一段时间后，为了生存下去，莉娜打算重新到外面找一份工作，但是当这个念头冒出来的时候，她自己都震惊了：我已经六十多岁了，谁会给一个老妇人提供工作的机会呢？即便有人愿意，一个六十多岁的老妇人能干些什么呢？

她不停地担心别人嫌她老、担心别人嫌她动作迟缓、担心自己无法承受别人要求的工作强度……这一系列的担心更让她怀念过去，怀念丈夫在世的岁月，由怀念而生悲痛，又重新陷入丧夫的阴影中不能自拔，结果她病倒了。

了解到莉娜的病情和生活情况后，主治医生对莉娜说："你的病情太严重了，需要长期地住院治疗。但是你又没钱，我看这样吧，从现在开始，你可以在本院做零工，每天打扫病人的房间，以赚取你的医疗费用。"

反正没有比这更好的活法了，而且就目前经济窘迫的情况来说，自己似乎根本别无选择。于是，莉娜开始手握扫帚，每天不停地在医院里忙碌。慢慢地，她不再担心什么，内心也恢复了平静，因为她实在太忙碌了。

寂寞、担忧被驱除了，莉娜的身体也就好了起来。而且，三年的时间里，由于经常接触病人，莉娜对病人的心理也了如指掌，后来被院方聘为陪护。贫穷也开始向她挥手告别，她觉得自己新的人生要开始了。

如今，71岁的莉娜已经成了该院的心理咨询师，她办公室的墙上有这么一句话："过去已经过去，明天尚未到来。只要肯用行动充实生命中的每一个'今天'，勇敢向前，机会就在柳暗花明间。"

"昨天的痛，已经承受过了，有必要反复去兑现吗？明天的痛，尚未到来，有必要提前去结算吗？只要肯用行动去充实生命中的每一个'今天'，勇敢向前，机会就会在柳暗花明间。"这句话说得多好。

天地万物，自然轮回，我们生活在这样的一个空间里，每一个瞬间、每一个当下都将是不可逆转的永恒。所以，把注意力聚焦在我们的感官，聚焦在我们的心灵，当下的味道自然呈现，生命的喜悦自然浮现。

现在，我们唯一能选择的是珍惜现在已有的，春天美丽的花、夏日凉爽的轻风、秋天丰硕的果实、冬日和煦的阳光，那些得之不易的机会、那些美好的幸福时光、那些大好的青春年华……好好珍惜现在我们拥有的一切，不要让它们成为将来的遗憾，充分地享受每一个真实的刹那，人生就是充实而完美的。

美国著名教育家戴尔·卡耐基的作品影响了全世界数以万计的人。在《人性的弱点》一书中，他给那些生活在苦恼中的人们制订了一份计划，这份计划的重点就是：去充实每一个"今天"。

今天我要用行动来提升我的心灵。

我要学习，不让心灵空虚。我要阅读有益身心的书籍，提高我的修养。

今天我要做三件事：我要默默地为某个人做一件好事，我还要做一件我以前不愿做的事、一件不敢做的事。做这些事的目的，只是为了锻炼我的勇气和勤勉，让我不致懈怠。

今天我要让自己看起来更美丽，我要穿着得体、举止大方、谈吐优雅。我要多予赞赏、少作批评，不让自己抱怨，不去挑任何人的毛病。

今天我要全心全意地过好这一天，不去想我整个的人生。一天工作12个小时固然很好，可如果想到一辈子都要这样度过，我自己都会觉得恐怖。

今天我要制订计划，我要计划每小时要做的事。可能不会完全按照计划实现，但我还是要计划，为的是避免仓促和犹豫不决。

今天我要给自己留半个小时的时间休息片刻，让自己思考一下我的人生。

今天我要很开心。只有现在才能给我带来无尽的幸福和快乐。

……

下一个球最好

懂得归零，人生更加精彩纷呈。

生命有太多的变数，而人生永远只有现场直播，没有彩排，所以，我们的人生轨迹总会有出现偏差的时候。这时候，我们是埋怨生活的不公，从此将错就错消沉下去，还是将错误抹去，重整旗鼓，从头再来呢？

答案显而易见，只有过不去的人，没有过不去的事，只要我们时常从思想上、意识上给自己"归零"，从头再来，我们的人生还是很精彩的。所以，归零是我们人生的第二次起跑线。

归零心态，也可以称之为空杯心态，其含义富有哲理，即一个装满水的杯子很难接纳新东西，如果想获得某方面的进步，需要先把自己想象成"一个空着的杯子"，而不是一个装满水的杯子。

说起空杯心态，下面有一个小故事。

很久以前，一个小有成就但心气颇高的年轻人去一个寺庙拜访一位德高望重的老禅师。当老禅师接待他时，年轻人认为自己各方面的造诣都很深，言谈之间，自然流露出了对大师的傲慢无礼。

老禅师轻轻地笑了笑，但他还是殷切地给年轻人倒茶水喝。可是在倒水时，杯子明明已经满了，老禅师依然不停地往里面倒水，结果自然是水倒了一地。年轻人在一旁，喊道："大师，杯子里的水已经满了，您为什么还要往里倒水呢？"

老禅师由此说出禅机："是啊，既然杯子已经满了，水怎么还能倒得进去呢？"老禅师的言外之意是，既然你已经很有学问了，为什么还要到我这里来求教呢？

听罢，年轻人大悟，深刻认识到，大圆满还需要"空杯心态"。

"归零"看似是一种一无所有，实际上却是一种更广阔的拥有，因为它赢得了可以无限发展的空间，正如一张白纸最大的优势就是它的空白，有最大的空间让人去描绘，从而可以画出最新、最美的图画。

太过于沉浸于以往的成功、荣誉、辉煌、掌声或成绩时，必定会使人迷失自我。反之，太过于牵挂昔日的失败、无能、平庸或污点的话，也会使人裹足不前。只有抱着归零的心态，才能够接受新的思想，开始新的生活。

禅师经过河边，看到了一个哭泣着要跳河的妇女，便问道："你年纪轻轻为什么跳河？"

"我，我被丈夫遗弃了。"妇女抽噎着回答。

"哦，"禅师继续问道，"那你什么时候认识你丈夫的？"

"我是三年前认识他的，我们刚结婚一年，但是他找了别的女人，不要我了。我是那么地爱他，可他却说不爱我了。你说，我活着还有什么意思？"妇人伤心地哭诉道，说完就要跳河。

"等等，"禅师赶忙拉住妇女，问道，"那三年前没有遇见他的时候你是怎么活的？"

妇女想了一下，回答道："没有认识他的时候，说实话，我生活得很好、很快乐。"

禅师轻轻一笑："是啊，三年前你生活得很快乐，你现在只是被命运之船送回了认识你男友前，你瞧，你现在又可以自由自在、无忧无虑了。你为什么要让自己不快乐，甚至舍弃自己的生命呢？"

"是啊。"妇人终于笑了，轻松地离开了。

"归零"是一种积极的心态，是一次重新的定位，查找自己的不足、不断完善自我，思想就会变得更加自信，思维将会更加活跃，行动将会更加谨慎，时刻保持一种乐观的态度去应对新一轮的机遇和挑战。

正如每逢冬天到来的时候，许多树木脱掉茂盛的"装束"，变得光秃秃的，让人不免有些惋惜。然而，细想之后，你就会发现，它们是将自己暂时"归零"，是在积蓄能量，等待拥抱下一个灿烂的春天。

只有常给自己"归零"，暂时放下患得患失的浮躁，在吐故纳新之后轻装上阵，把昨天的失败和忧郁删除，将今天的成功和欣喜隐藏，才能焕发出蓬勃向上的朝气，迸发出勇往直前的拼劲儿，打造出无所不能的人生。

贝利是20世纪最伟大的足球明星之一，被许多球迷尊称为"球王"。在他二十多年的足球生涯中，总共参加过1364场比赛、共踢进1282个球，而且创造了一个队员在一场比赛中射进八个球的纪录。

贝利超凡的球技不仅令亿万观众如痴如醉，而且常常使球场上的对手拍手称绝。在他个人进球纪录满1000个时，有记者采访他时这样问道："在这1000个进球中，您认为自己哪个球踢得最好？"

贝利的回答耐人寻味，就像他的球艺一样精彩绝伦，他淡淡地回答道："下一个。"

正是这种"归零"的心态，贝利一次次站在了新的起跑线上，对未来充满了憧憬和希望，创造了足球场上一个又一个的奇迹。不管是个人还是企业，都应该向贝利学习，时常给自己"归零"。

学会让自己时时归零的人，是时时与命运正面抗争的人。

当"归零"成为一种延续的常态、一种不断时刻要做的事情时，我们也就获得了"相信我能"的力量。相信，我们定能用一个崭新的姿态迎接新的挑战，不断发展、创造新的辉煌，在成功的道路上越走越远。

第二章 改变,从自己开始

不要试图去改变什么，唯一能改变的，只有你自己。任何时候都不放弃，你就会看到希望的曙光。

改变世界之前,先改变自己

改变自己要比改变环境来得容易。

鲨鱼是世界上适应性最强的动物之一,全身只有软骨,没有一块坚硬的骨头。在海里来回游走时,它会根据水温随时随地自我调适,永不停息。正因为这种适应性,它在地球上已经生存了1.5万年之久。

"物竞天择,适者生存",这是自然和社会对待变化的潜规则。一样的道理,当我们不能改变所处的环境时,那么就不妨改变自己。世界不在我们的掌握之中,但命运却掌握在我们自己手中。

当遭遇不如意之事的时候,如果我们总是抱怨客观因素的不尽如人意,总是想如何改造环境,而自己完全像没事儿人似的,主观上不作为,无论自己的能力多么强大,都难免被淘汰的厄运,最终一事无成。

我们常说"穷则变,变则通",变通的目的是为了摆脱现在的困境,以达到理想目标。一个人处于什么样的环境里,通常是自己无法决定而又难以改变的。我们能做的,就是改变自己固有的心态、思维和行为,适应环境。

在很久以前,在非洲的一个国家,人们都不穿鞋,都是赤着脚走路的。

有一位国王到某个偏僻的乡间旅行,因为路面崎岖不平,有很多碎石头,刺得他的脚又痛又麻。国王回到王宫后,随即下了一道命令,要将国内的所有道路都铺上一层牛皮。他也认为这是一件利国利民的好事,不只是为了自己,还可造福他的子民,这样人走路时就不再受刺痛之苦了。

可是国土辽阔,就算是杀光全国的牛,也筹措不到足够的皮革,而所花费的金钱、动用的人力更是不计其数。人们尽管知道这个事情不但难以做到,而且还相当愚蠢,可谁也不敢违抗国王的命令,只能摇头叹息。

后来,有一位聪明的仆人想出了一个办法,他大胆地向国王提出谏言:"国王啊!为什么您要劳师动众,牺牲那么多头牛、花费那么多金钱呢?您何不用两小片牛皮包住您的脚呀?这样不是也可以保护好脚部吗?!"

国王采纳了这个建议,一试果然有效又简单,鞋子就这样发明出来了。

改变自己来适应环境,你会发现路还是原来的路,境遇还是原来的境遇,但路和境遇所给予我们的感受截然不同了,我们的选择也变得多样而灵活起来了,有一种"柳暗花明又一村"的感觉。

适应环境是生存的必要保证,特别是在世界日新月异、一日千里的新经济时代,只有不断地改变自己,才能获得"相信我能"的资本,才能够随时应对世界的巨变,这也是我们取得发展、获得成功的明智之选。

李凯轩在一家贸易公司上班,到公司工作一年多了,老板不提拔他不说,连工资都不给他涨,这让李凯轩感叹自己生不逢时,整天过着苦闷的生活。一天,他愤愤地对朋友抱怨道:"为什么我老觉得自己与公司格格不入呢?"

李凯轩的这位朋友是一个事业比较成功的人,他沉默了一会儿,对李凯轩说:"要我说啊,你应该把商业文书和公司组织完全搞通,甚至连怎么修理影印机的小故障都学会,然后再辞职不干。"

见李凯轩不解地望着自己,朋友解释道:"你们公司怎么也算一个大公司，你豁达乐观一点儿，把公司当作免费学习的地方，什么东西都学通了之后再一走了之，不是既出了气，又有许多收获吗？这样才值！"

李凯轩听从了朋友的建议，从此便默记偷学，甚至下班之后还留在办公室研究写商业文书的方法。半年后，他找到朋友，欣喜地说："近半年来，老板对我刮目相看，最近更是不断给我加薪，并对我委以重任，我已经成为公司的红人了！"

"这是我早就料到的！"他的朋友笑着说，"当初你的老板不重视你，是因为你的能力不足，却又不努力工作，没有业绩；而后你痛下苦功，能力提高了，又能为公司创造效益了，老板当然就对你刮目相看了。"

这时候，李凯轩抢着说："我明白了，既然公司环境是不可改变的，那就改变自己，融入并适应这个环境，使自己变得更加强大。只有这样，我们才能够得到老板的重视，离成功越来越近。"

世界上并不只有你一个人，地球也不只是为你而转，不可能所有的事情都按照你的意愿发展，面对一个强大的、你不喜欢的环境，你的反抗是徒劳的，唯一的办法就是改变自己，适应环境。

因此，处于什么样的环境并不重要，重要的是你的选择：是选择软弱地屈服于环境，将改变境遇的希望寄托在改变环境方面，还是豁达乐观地面对不如意，用毅力去改变自己，使自己适应环境，这就看你如何把握了。

当然，改变自己不是没有原则地改变，关键是审时度势，把握好尺度。既不能一味地妥协让步，也不能盲目地随波逐流，否则适应就变成了世故与圆滑，反而偏离了正确的目标，阻碍了以后更好的发展。

改变自己，适应环境，相信我能，从此刻开始。

不奢望做命运的宠儿

不要埋怨生活的不公,而要慢慢地将不公平变为公平。

有的人天生残疾、有的人健康;有的人生于名门、有的人长于困苦;有的人一帆风顺,老天似乎对他都是一路绿灯,但有的人虽然也很努力,却处处碰壁,更有甚者,叫天天不应,叫地地不灵……

遭遇生活的不公平时,很多人无法适应,会怨天尤人,不甘心去接受不公平的挑战,整天活在忧郁之中,这或许能解一时之气,但我们也就等于被生活击垮了,更别提获得"相信我能"的力量了。

试想,如果你大学毕业后被分在基层工作,你一边愤愤不平,一边敷衍工作,那么你会有升职的机会吗?恐怕不能,因为老板会认为你连最简单的事情都做不好,根本不会有责任和能力去做更高级的工作。

诚然,每一个人都期盼着公平,孩子们总是喜欢公平的游戏规则,成年人希望获得公平的竞争机会。但是,绝对的公平是根本不存在的。因为上天眷顾的人只是少数,而我们只是那大多数中的一部分……

既然这样,我们何必对那些不公平耿耿于怀呢?把不公平作为一次生活的挑战,相信自己能给自己一个公平……那些成功人士,他们之所以成功,就是因为无论生活是公平的还是不公平的,他们都坚持自己给自己公平。

在这方面,当代最伟大的科学家斯蒂芬·威廉·霍金是一个经典的楷模。

"我的手指还能活动，我的大脑还能思考。我有终生追求的理想，我有爱我和我爱着的亲人和朋友，我还有一颗感恩的心……"这段豁达而乐观的文字，正是出自霍金——一位在轮椅上生活了几十年的残疾人之手。

然而，霍金并不是一生下来就坐轮椅。青年时代，霍金是牛津大学公认的最有前途的明星学生，获得过一等荣誉学位。但是在他大三那年，却发现自己身上突然出现了一种奇怪的症状——手脚逐渐变得不利索，甚至有时候还会无缘无故地跌倒。

专家在为霍金做了各种医学测试之后，判定这是一种罕见的肌肉萎缩性侧索硬化症，即运动神经病，而且会继续恶化，但是对于治疗，专家也无能为力，这就意味着霍金要在轮椅上度过余生。

祸不单行，1985年，也就是全身瘫痪数十年后，霍金再一次遭受灾难的打击，他感染了肺炎，医生不得不为他进行气管切开手术，也就是在脖子及气管上直接切口形成通气孔。这样一来，他永远失去了说话的能力。

尽管生活对霍金如此不公平，夺走了他健康灵活的双腿，夺走了他与人正常交流的说话能力，留给了他无尽的病痛，但是，霍金没有抱怨生活的不公，他说："生活是不公平的，不管你的境遇如何，你只能全力以赴。"

霍金积极乐观地适应生活，不断地改造自我和不懈努力，如今他已经成为世界上最著名的物理学家，拥有三个孩子、一个孙子，十二个荣誉学位，是英国皇家协会的特别会员，还获得了很多奖项和勋章。

命运对霍金非常不公平，在常人看来简直是苛刻得不能再苛刻了：他腿不能站、身不能动、口也不能说。可他并没有抱怨生活的不公，而是积极乐观地改变自己，最终他为自己争取到了公平，赢得了成功而精彩的人生。

当今社会竞争激烈，你无法改变它，而它的不公平也是应运而生的，即便你有满腹的才华，也不一定有机会一下子做到企业的高层，而不得不从公司最基层的工作做起，有什么办法改变？那就是改变自己，自己争取公平。

高中时期是人生的一大转折点，但就在这个关键时期，她居然病倒了，而且一躺就是半年，与梦寐以求的大学失之交臂。病好之后，她为了把病中耗费的四年"挣"回来，也为了给并不富裕的家庭省点钱，选择了参加高等教育自学考试。

拿到自考专科毕业证书后，她进入 IBM 公司，做起了"行政专员"，这种工作与每天打杂无异，什么都干。她不但要负责打扫办公室卫生，而且还要负责给人端茶倒水，几乎没有人注意她、在意她。

一次，因为没有戴工作证，公司的保安把她挡在了门外，不让她进去，而其他没有佩戴工作证的人却可以自如地进出。她质问保安："别人也没有戴工作证，你为什么让他们进去？"得到的回答却是："他们都是公司白领，你和人家不一样！"

她感觉自己的自尊心被人当众踩在脚下。她看着自己寒酸的衣装、土气的打扮，再看看那些衣着整洁、气质不凡的白领们，她在心里发誓："命运为什么这么不公平？难道我真的只能做端茶倒水的工作吗？不行，我要努力缩小与这些人的差距，今天我以 IBM 为荣，明天要让 IBM 以我为荣！"

此后，她利用所有的闲暇时间来充实自己。由于什么都要从头学起，她每天都是第一个来公司，最后一个离开，还常常熬夜到两三点，有几次居然晕倒在办公室，不过努力换来的回报是她很快成为了一名业务代表。而后，又通过几年的认真学习和实践锻炼，她的工作能力越来越突出，被任命为 IBM 公司的中国区总经理，被人誉为"打工皇后"。她就是吴士宏。

出身贫困，没有学历，没有关系，吴士宏面临了太多的不公平，但是她最终凭借着"相信我能"的魄力取得了令人瞩目的成功。这个事例，告诉我们一个道理：不必尽己所能去改变生活的不公，努力改变自己，才能生存和发展。

不要再一味地埋怨生活的不公平了，也不要奢望自己成为上天的宠儿。不要愤慨，暂且忍耐，接受诸多不公平的待遇，认真思考如何更好地去适应生活的不公，慢慢地将不公平变为公平吧。相信，成功将会到来。

你主动创造机会了吗

那些能够取得成功的人，从来不等待机会。

机会对于每一个人来说都是很重要的，不管你在什么岗位、从事何种工作，机会都很可能令你大展才华，得到老板的重用，取得事业的成功。可以这么说，机会是每一个人取得成功的"催化剂"。

因此，在成功的道路上走得比较缓慢的人会不自觉地埋怨自己运气不好，责备自己生不逢时，埋怨别人没给自己好机会。真的是这样吗？其实，我们更应该多问问自己："我主动寻找机会了吗？""我主动创造机会了吗？"

著名剧作家萧伯纳曾说过一句非常富有哲理的话："人们总是把自己的现状归咎于运气，而我不相信运气。我认为，凡出人头地的人，都是自己主动去寻找自己所追求目标的运气；如果找不到，他们就去创造运气。"

要知道，机会从来不会从天而降，全在于我们自己去发现、去挖掘、去创造，如果你天真地相信好机会在别的地方等着你，或者会自动找上门来，那么，你只会在守株待兔般的等待中虚度一生。

赵雯和刘佩佩是一对好朋友，两人拥有一个相同的职业理想，即做一名电视节目主持人。大学毕业后，两人跑遍了A城的每一个广播电台和电视台，但是对方的回答却是："对不起，我们只雇用有工作经验的人。"

赵雯变得焦急、苦闷，不断地祈求上天能赐给自己一个机会，她经常对别人说："我充分相信自己在主持工作方面的才能，只要有人能给我一次上电视的机会，我相信自己准能成功。"但是她等待了一年多的时间，一直没有人给她提供这个机会。

不给工作机会，怎么能获得经验呢？刘佩佩觉得这个要求太不合理，倔强的她开始为自己创造机会，她仔细浏览广播电视方面的各种招聘信息，过了十几天后她终于发现了某县电视台正在招聘主持人的信息。该县在山区，偏远荒凉、经济落后，可是刘佩佩已经顾不了那么多了，她想：只要能和电视沾上边儿，能让我主持节目，让我去哪里都行。

刘佩佩这一去就是一年，在这一年的工作时间里，她积累了丰富的工作经验，主持能力也提高了不少。当她再次到市电视台应聘的时候，轻而易举地就找到了一个职位，并逐渐成为了一名著名的主持人。

赵雯和刘佩佩的故事很好地说明了一个道理：机会不是被动地等来的，它需要你积极地准备，需要你主动出击。要想取得成功，不应该等待"好心人"送来机会，而是积极地相信自己能，并且主动扑向机会，用机会"催化"自己的成功。

有一位卖馅饼的老师傅曾这样说："我从来不等着天上掉馅饼：第一，天上绝对不会掉馅饼；第二，即使天上掉馅饼，也未必会被我捡到，它不是被人抢走，就是砸破我的脑袋。所以我决定自己做馅饼。"的确如此，天上不会掉下馅饼，与其在那等待馅饼，不如自己做馅饼。弱者等待机会，强者创造机会。

那些做事情容易取得成功、建立了轰轰烈烈的伟绩、堪称成功者中的佼佼者的人，大多信奉机会不是等来的，而是自己创造出来的，他们能够用自己的行动创造机会，为自己赢取成功的筹码。

20 岁时开始领导微软，31 岁时成为有史以来最年轻的亿万富翁，39 岁时身价一举超越华尔街股市大亨沃伦·巴菲特而成为世界首富……不少人把比尔·盖茨的成功称为难以置信的神话，但他不是靠幸运取得成功的。

盖茨是为电脑而生的，他从中学时期就迷上了电脑，从此就无心上其他课，每天都泡在计算机中心。以全国资优学生的身份进入了哈佛大学后，他更是经常逃课，一连几天待在电脑实验室里整晚整晚地写程序、打游戏。

1975 年冬，盖茨和好友保罗从 MITS 的 Altair 机器得到了灵感的启示，看到了商机和未来电脑的发展方向，于是他们就给 MITS 创办人罗伯茨打电话，说可以为 Altair 提供一套 Basic 编译器。就这样，两个月通宵达旦的心血和智慧产生了世界上第一个 Basic 编译器，MITS 对此也非常满意。

三个月之后，盖茨敏感地意识到，计算机的发展太快了，等大学毕业之后，他可能就失去了一个千载难逢的好机会，所以，他毅然决然地退学了，然后和保罗创立了微软公司，自此走上了靠电脑软件创造巨大财富之路……

对于自己的成功，比尔·盖茨说："你认为机会什么时候会来到？机会是我们自己创造出来的。要是我等着别人给我工作的机会，那么现在我可能还是一个打工者。微软最需要的，正是那些能够用行动创造机会的人。"

机会是一种巨大的财富，但"机不可失，失不再来"，机会往往就只有一次，也许你"没有机会"，但可以创造。而能否成功，则要看你会不会利用机会、主动创造了多少机会，甚至从困境中创造了多少机会。

记住，机会不是等来的，机会是人创造的，成功的人都是善于创造机遇的人。如果我们能够积极地"相信我能"，主动地创造机会，为机会的到来做准备的话，那么，即使在再平凡的位置上，我们也能做出不平凡的事情。

晴天或雨天，我都快乐

真正影响我们心情的只有我们自己。

如果今天阳光灿烂、空气湿润、和风煦煦，你会觉得精神振奋、心情舒畅吗？如果一连十几天阴雨绵绵，你是否会感到灰暗郁积于胸，心情莫明地烦躁易怒？不少人把心情的好坏归于天气变化，但真的是天气在影响我们吗？

事实上，天气的好坏对人的心情的确有一定的影响，但是与其说是天气这些外在的客观因素在影响我们的心情，不如说是我们在为自己的消极心态寻找庇护和借口。事实上，真正影响我们心情的只有我们自己。寓言故事《哭婆婆与笑婆婆》就是最好的证明。

一个老太太不管是晴天还是雨天，她都整天坐在路口哭，因为她的大女儿是卖伞的，二女儿是卖布鞋的。下雨时她哭，是因为二女儿没生意，晴天时她哭，是替卖伞的大女儿难过，所以人称她为"哭婆婆"。

一天，一位禅师遇到了哭婆婆，一语把她从迷雾中拉了回来。禅师说："老人家大可不必天天忧心，下雨的时候，你要想卖伞的女儿生意好，天晴的时候你要想卖鞋的女儿生意好，这样你就自然不会哭了。"

听了禅师的一番话，老太太顿悟，从此街头便有了一个总是乐呵呵的笑婆婆。

我们不能左右天气，但是可以左右自己的心情，如果任天气牵着鼻子走，那真是一件不太妙的事情。哭婆婆变成了一个笑婆婆，这里的关键不在于天气发生了变化，而在于我们看待事情的角度发生了改变。

可见，心情的好坏完全取决于我们的看法，而不是其他外界因素。正如心情沮丧的时候，即使风和日丽，我们也会感到黑云压顶；心境愉快的时候，就算是雷声轰轰的恶劣天气里，也一样觉得阳光明媚。这正如诗人汪国真所说的一样："心晴的时候，雨也是晴；心雨的时候，晴也是雨。"

世间的诸多事情，像天气的阴晴雨雪一样是我们所不能改变的。虽然事情无法改变，但是我们可以凭借"相信我能"的智慧，改变面对事情的心情，让心情去适应事情，事情就会向有利于我们的方向发展。

看过电影《监狱风云》的人，对那位由影星吉尼威尔德饰演的名叫亨利的男子印象一定非常深刻。他是一个笑口常开的人，没有任何事情能够影响他的心情，没有人能以任何方式夺走他的喜乐。

当亨利被误判入狱时，所有狱官都看他不顺眼，常常找他麻烦。

有一次，狱官将亨利用手铐吊起来，这是一种令人非常不舒服的虐待方式。但是，几天之后，亨利却没有大喊冤枉、义愤难平，而是笑着对狱官说："你们对我太好了，谢谢你们治好了我的背痛。"

之后，狱官又将亨利关进一个因日晒而高温的锡箱中。但是，当他们放亨利出来时，亨利竟然还能在脸上挂上一个大大的笑容，央求道："喔，拜托再让我待一天，我正开始觉得有趣呢。"

最后，狱官将亨利和一位重300磅的杀人犯古斯博士一同关进一间小密室。古斯博士心情抑郁，他的凶恶在狱中十分有名。然而，令人惊讶的是，亨利居然和古斯博士谈笑风生，还无比快乐地玩儿起了纸牌。

喜乐操控在我，亨利只不过是选择了以快乐作为自己的守护神，而没有让自己的情绪受外在的客观因素影响。当遭遇悲伤的事情时，我们不妨也及时转换心情，进而拥有阳光般的明媚心情。

记住，晴天或者阴天，以及所有像天气一样的外界因素都无法左右我们的心情，真正的关键在于我们自己的看法。无论在任何时候，只要你相信自己有好心情，无论是谁都不能将坏心情强塞给你。

付出让好运降临

舍得付出，必然得到回报。

在交际的过程中，总是有人抱怨别人对自己不够好、别人不肯为自己付出。但是，当我们在抱怨的时候，为什么不冷静下来好好想一想，我们对别人够好吗？我们对别人又付出多少呢？

要知道，付出和回报是成正比的，付出多少，相应地就会有多少回报。当我们需要别人怎么对待我们时，首先我们就要怎么对待别人。当我们想从别人身上得到些什么时，就必须对别人付出，然后才能得到别人的回报。

打一个形象的比喻：当我们想要收获丰硕的果实的时候，千万不要吝啬手里的种子，将它们播撒并且精心地照顾，你会发现，到了收获的季节，你会收获很多。而没有付出，又怎能够尝到收获的甜美呢？

吉姆的女儿患上了一种十分罕见的疾病，看遍了全国很多名医都没有效果。有一天，吉姆得知一位美国名医要来德国考察的消息，他又重新燃起了希望，通过各种社会关系联系这位名医，但是杳无音讯。

一天下午，外面下着大雨，突然有人敲门，吉姆非常不情愿地把门打开，站在门口的是一个又矮又胖、衣服湿透、样子很狼狈的人。这人说："对不起！我迷路了，我能借您的电话用用吗？"

吉姆不悦地说："对不起！我女儿正在休息，我不希望有人打扰她。"然后，关上了门。

第二天早晨，吉姆在读报纸的时候，看到了一则关于美国名医的报道，上面还附着他的照片。天！他惊呆了！原来那位名医竟然是昨天敲门借用电话的那位矮胖男人，吉姆后悔莫及。

事例中的吉姆是一个不懂得对别人付出的人，正是因为他舍不得借用电话给一个陌生人，而把本能救助自己女儿的医生拒之门外，而且这个医生还是他千方百计想联系却一直联系不上的人，吉姆有多后悔可想而知。

由此可见，有时候，并不是因为别人对我们不够好，而是我们绞尽了脑汁想从对方身上得到，而不愿意自己先付出；在别人需要帮助的时候，我们没有及时伸出援手，而是选择了袖手旁观。

因此，我们要想获得朋友的支持，要想拥有一个和谐宽广的人脉，进而提升个人的竞争力，就不要一味地要求别人如何对待自己，而是要改变自己，学会给予别人真诚、信任、尊敬、利益、赞美等。

人都是有感情的，每个人都懂得"人心换人心"的道理，当你对别人付出真诚和爱心，别人才会以同样善意的方式来回报你。我们付出多少，相应地就能够得到多少，甚至更多。

我们来分享一个经典的故事。

乔治·伯特是著名的渥道夫·爱斯特莉亚饭店的第一任总经理，年轻时，乔治·伯特只是一家旅馆的普通服务生，一个偶然的机遇，使他得到了幸运之神的垂青，一生的命运发生了改变。

那是很多年前一个暴风雨的晚上，从事旅馆服务生工作不久的乔治·伯特正在前台值班,有一对老年夫妇走进旅馆大厅要求订房。查看了房间登记记录之后,乔治·伯特很抱歉地告诉他们这间小旅店也早就客满了。

看着两位老夫妇失望的表情,又看了看门外的瓢泼大雨,乔治·伯特有些不忍心深夜让这对老人出门另找住处,而且在这样一个小城,恐怕其他的旅店也早已客满打烊了,总不能让老人在深夜流落街头吧。于是,他说道:"如果你们不嫌弃的话,今晚就睡在我的床铺上吧,我自己在店堂里打个地铺就行。"

这对老夫妻非常感激,于是在这里住下了。第二天早上当他们要付房费时,乔治·伯特坚决拒绝了。

临走时,老夫妻说:"只有你才可以当一家五星级酒店的总经理。"

乔治·伯特认为这只是一个玩笑,笑着说:"那真是太好了!那样以我的收入就足以养活我的老母亲了。"

故事并没有因此而结束,过了一段时间,乔治·伯特收到一封来自曼哈顿的信,是那对老夫妇写来的,他们邀请他到曼哈顿去,要聘请乔治·伯特任一家饭店的第一任总经理,而这家饭店就是美国著名的渥道夫·爱斯特莉亚饭店。

顿时,乔治·伯特目瞪口呆,他没想到举手之劳会让自己收获这么多。

由此可见,当我们主动善意地对待别人的时候,我们不但可以得到别人回馈来的好处,而且还收获了整个幸福的人生,这不是收获更多吗?那么,我们主动对别人付出又算得了什么呢?

总之,不要因为别人对自己不够好而抱怨,而是要在平时用自己的真心做好"播种"工作,对别人舍得付出。相信,无论你走到哪里都能很受欢迎,也必然会得到别人的回报,收获到真诚、信任、尊敬、利益、赞美等。

做一滴不干涸的水

利用团队的智慧武装自己的大脑,壮大自己的力量。

在现实生活中,我们不乏看到这样一些人:他们能力超群、才华横溢,但是他们几乎找不到一个可以合作的朋友,也很难在公司取得长远的发展。这是为何呢?说到底,是他们的英雄主义情节在作怪。

这些人渴望成为好汉,喜欢表现自己,又自恃清高,认为什么事情自己都可以干好,为了轰轰烈烈地干一番事业,为了实现表现自己的能力,生怕别人抢了自己的功,把自己淹没,不惜单打独斗。

如果你还在成功路上徘徊不前,不要抱怨自己生不逢时,不要苦恼于世事艰辛,先检视一下自己是否有英雄主义情结,如果有,那么请终结它,然后改变自己,告别单打独斗的方式,主动去与别人合作。

相传,佛教创始人释迦牟尼曾问他的弟子:"一滴水怎样才能不干涸?"弟子们面面相觑,无法回答。释迦牟尼说:"把它放到大海里去。"个人再完美,也只是一滴水;而团队是大海,是个人生存发展的基础。

从前,有两个饥饿的人得到了上帝的恩赐:他们一个人得到了一篓鱼,另一个人则得到了一根渔竿。他们需要用各自得到的东西来养活自己,否则就只能饿死。于是,带着上帝的恩赐,他们分开了。

得到鱼的人还没走几步就觉得饿了，于是他便用干树枝点起篝火开始烤鱼。也许是饿得太久了，他狼吞虎咽，一口气就吃掉了三条鱼。又过了两个星期，他再也没有得到新的食物，最终饿死在空鱼篓的旁边。

得到了渔竿的另一个人深知要是不想饿死，就一定要赶紧捕鱼，他一步步地向海边走去，准备钓鱼解饥。可是他本来就很饿，走得非常缓慢，不等见到大海，就带着无尽的遗憾撒手人寰了。

这则寓言启示我们这样一个道理，能力再强的人，单打独斗、单枪匹马最终只能是一无所得，没有人可以完全脱离别人而单独完成一项工作，我们需要别人的协助与配合，而这直接影响了我们所能取得的成就。

自古以来，我们就知道"众人拾柴火焰高"、"一个篱笆三个桩，一个好汉三个帮"……这些耳熟能详的俗语都在告诉我们：唯有依靠团队的力量，依靠他人的智慧，才能成就自己，才能使自己立于不败之地。

我们知道，每一个人的智慧和才能都是有限的，但只要在团队中取长补短为我所用、广采博集，就能够调动整个团队所拥有的能力、智慧等资源，这无疑大于两个成员之间的能力总和，这个思维逻辑就是"1+1>2"。

在历史上，不乏聪明运用"1+1>2"的人，比如刘邦。在楚汉战争中，出身平民、好酒贪色之徒刘邦居然打败了出身高贵、武艺超群的西楚霸王项羽，为何呢？项羽只懂得单打独斗，总是逞个人英雄主义，结果导致自己众叛亲离，而刘邦懂得与别人合作，让别人为自己效力。

在当前社会中，随着科技的发展，职场分工越来越细，更要将相对具体、更加清晰的运营计划分解到各个部门，单枪匹马的英雄主义更是不可取。一个人无论处于什么样的位置，无论拥有多大的能力，都必须依靠与人合作才能成功。

微软原总裁比尔·盖茨就曾这样说过:"在社会上做事情,如果只是单枪匹马地战斗,不靠集体或团队的力量,是不可能获得真正成功的。这毕竟是一个竞争的时代,如果我们懂得用大家的能力和知识的汇合来面对任何一项工作,我们将无往不胜。"

那些在平时的生活中,善于与别人合作、依靠他人智慧的人,总是能够轻易地在人群中脱颖而出,既可以给团队带来帮助,又能够让自己走向成功。这样一来,赢得别人的好感和信任自然是情理之中的事情。

下面是一个真实的例子。

井深大刚加入索尼时,索尼老板盛田昭夫将他安排在最重要的岗位上,全权负责新产品的研发。虽然井深大刚对自己的能力充满信心,但他深知这项工作决不是靠一个人的力量就能做好的。

见到井深大刚的犹豫,盛田昭夫很自信地说道:"我知道单靠你一个人来研发新产品是不现实的,不过我们有一个成熟而和谐的团队,这是我们的优势。如果你能充分地融入进来,利用好我们的优势,还有什么困难不能战胜呢?"

听了盛田昭夫的这番话,井深大刚一下子豁然开朗:"对呀,我怎么光想自己?不是还有二十多个员工吗?为什么不融入这个集体,虚心向他们求教,为了公司和自己的前途跟他们一起奋斗呢?"

随后,井深大刚找到销售部的同事,请教公司产品销路不畅的原因。同事告诉他:"我们的磁带录音机之所以不好销,一是太笨重,二是价钱太贵。所以,新产品最好轻便、价格低廉。"井深大刚点头称是。

紧接着,井深大刚又来到技术部,同事告诉他:"目前美国已经开始采用先进的晶体管技术作为生产收音机的核心技术,这种新技术不仅可以极大地降低成本，而且可以让产品非常轻便而且耐用。我们建议您在这方面下功夫。"听到这里，井深大刚大喜。

在研制新产品的过程中，井深大刚又和生产工人团结起来，精诚合作，终于一同攻克了一道道难关，试制成功日本最早的晶体管收音机，并一举成功，而井深大刚本人也被任命为索尼公司的副总裁。

能力再强的人，单打独斗最终只能是一无所得，没有人可以完全脱离别人而单独完成一项工作，任何成功都需要别人的协助与配合。及时融入到团队是做好工作的前提，也是走向成功的一条捷径。

因此，要想获得别人的信任和支持，要想赢得成功的青睐和眷顾，我们要学会从"英雄主义"转化到"团队伙伴"，及时地融入团队，利用团队的智慧武装自己的大脑，壮大自己的力量，做好一加一大于二这道运算题。

让自己常新

不断地完善自己，才能在激烈的市场竞争中长盛不衰。

世界每时每刻都在转动，时代在发展，社会在进步，这就要求你不断地注意观察周围的环境。如果环境已经变化了，而你仍然故步自封、原地踏步的话，便会"逆水行舟，不进则退"，无疑就会被无情地淘汰。国际商业机器公司 IBM 就是一个很有说服力的例子。

国际商业机器公司，简称IBM，于1911年创立于美国，它一直以生产大型计算机而闻名，曾是全球八大电脑公司戴尔、苹果等中最大的公司。但是因为没有及时关注行业动态，IBM不幸地从顶端滑落了下来。

随着计算机在社会中扮演的角色越来越重要，到20世纪80年代，消费者渐渐趋向于体积小、便捷的个人计算机。此时，IBM高层领导并没理会这一变化，对此甚至置若罔闻，继续生产大型计算机。

直到戴尔、苹果等体积小、便捷的小型计算机纷纷在市场上掀起销售热潮时，IBM才意识到当初生产方针的错误性。但是，这时候市场已经被戴尔、苹果等占据了，IBM大势已去，只能望洋兴叹。

身处于大变革、大调整、大发展、大融合的今日，新情况、新问题不断出现，未来的竞争实质上是跟上时代的节拍、适应工作的需要。谁学习得更快、适应得更深，谁就会走在发展的前沿，在激烈的市场竞争中长盛不衰。

目前，西方白领阶层流行这样一条知识折旧定律："一年不学习，你所拥有的全部知识就会折旧80%。你今天不懂的东西，到明天早晨就过时了。现在有关这个世界的绝大多数观念，也许在不到两年时间里将成为永远的过去。"

每一天我们都处在不断折旧的过程中，如果你感到恐慌、焦虑、担忧，那么，最好的解决办法便是始终保持积极进取的态度，不断学习新的知识、技能，用新思想、新观念、新方法来"包装"自己，适应新的工作环境。

这时，你应该已经明白了你每天都在和众多的人竞争着，不是成功不青睐你，而是你的能力和经验还没有提升到相应的层次。因为每一次的成功都意味着站在更大的平台上，需要承担更多责任。在这个过程中，你要有足够的能力、素质面对这些复杂与困难的局面、形势，征服成功。

所以，不论身处什么岗位，我们都不能站在原地不动，学习的脚步不能稍有停歇。唯有不断地进行学习，不断地自我更新，不断增强自己的竞争优势，我们才有脱颖而出的机会，获得难得的成功机会。

美国戴尔公司创始人、董事会主席兼CEO麦克·戴尔就是通过不断学习、提高自己，进而做出了一番辉煌的事业。对于自己的成功，他如是总结："无论我在企业处于什么位置，无论我自己身处何处，我都对自己说：'你是永远的学生。'"

一个真正有志向、渴望充实并造就自己的人，他们大都懂得时时积极进取的重要性，通过各种途径不断汲取知识，使自己的视角更加开阔、思维更加全面，从而对各类问题应对自如。

时刻关注社会和行业的发展趋势，及时地对自己做出相应的调整，孜孜不倦地有效学习，不断充实和完善自己，跟上世界的步伐吧。如果你能够做到这些，你将会成为成功场上永远的佼佼者，使生命的价值得以升华。

走出圆圈看世界

敢于打破自己固有生活范围的人，更容易改变自己的命运。

我们与周围的世界总有格格不入的时候，任何人都是无法改变世界的，最好的办法是改变自己来适应环境，但如果那个环境影响到我们自己的思想健康和正常发展的话，那就要考虑离开这个环境了。

说到这里，相信有些人会产生疑问，这不是一种懦夫行为吗？实则不然，逃避并不是你的本意，离开环境也不代表你是懦夫，这是你的一种处理事情的方式，有时候这样做能让你体现大智慧。

在某个山脚下的小河里生活着许多条鱼儿，它们自由自在地游来游去，无忧无虑地生活着。但随着附近的居民建筑了一个龙门，鱼儿们就被困在了水塘里，失去了自由，而且还经常被人们捉走。

这些鱼儿们无比地郁闷，它们有的整日唉声叹气，有的则不停地抱怨人类。其中，有一条小鲤鱼指着那道龙门，对同伴们说："我们跳过这个龙门，一起在河流里生活吧。这样我们就自由了，也就不会被人吃掉了！"

谁知，小鲤鱼的同伴们看了看那道又高又宽的龙门，纷纷摇头说："跳什么跳，虽然这里的状况很不好，但是现在我们不是还没死吗？你着什么急啊？再说那么高的龙门你能跳得过去吗？弄不好会摔死的！并且，河里会有大鱼袭击我们……"

小鲤鱼不再说话了，它每天都不停地蹦着、跳着，一心想要逃离这个地方。终于有一天，它使出全身力量，像离弦的箭一样，纵身一跃，跳过了那个龙门，跳进了下游的河水，里面有很多可口的食物，而且可以自由游弋。

小鲤鱼呼唤自己的伙伴："你们快过来吧，这里简直是天堂！"

但是，同伴们说："我们在这里已经习惯了，懒得动了，只希望这里的情况可以快点儿好起来！"但是情况并没有什么改变，于是它们依然整天愁眉苦脸，依然不停地抱怨。没过多久，这些鱼儿们都被人捞出来吃掉了。

这个"鲤鱼跃龙门"的故事，说明了这样一个道理：敢于打破自己固有生活领域的人将拥有更加广阔的发展空间，改变自己的命运；而那些死守着自己单一生活的人是目光短浅、思想狭隘的，永远不会有什么突破。

在这里，所谓的生活范围所涵盖的内容非常广泛，有工作、生活的环境、从事的工作种类、交结的朋友类型，等等。勇于走出自己的生活范围，这种意识对一个想成功的人来说实在是太重要了。

毫不夸张地说，打破自己的生活范围是成功的开始。"不识庐山真面目，只缘身在此山中"，被一个小范围所局限，我们会变得见识短浅，生活又哪会有"弹"起来的空间？又哪会有无穷的活力和无尽的创造力？

试想，那些出生在偏远的山村、没有显赫的家庭背景和富足的经济基础的人，如果舍弃不下熟悉的环境和所谓的"安稳"，又怎么会有在商海中搏击、游弋的勇气，更别提为自己开辟一番新天地了。恐怕现在是农民的人，以后照样种地；现在是员工的人，以后照旧给别人打工……

很多事业有成的生意人都是农民、工人出身，没有显赫的家庭背景和富足的经济基础，就因为他们不断顺应时势，适时地改变自己的观念，敢于走出自己的固有生活，敢于舍弃熟悉的环境，才得以生存，才得以发展。

初中毕业后，刘锦阳和山村里其他的女孩子们一样在家务农，既定的命运便是割草、喂猪、结婚、生娃、养娃……她不甘心就这样过一辈子，一心想做点儿什么，父母和女伴们都说她心比天高。

一段时间后，态度坚决的刘锦阳不顾父母的反对，毅然地走出了大山。刚到大城市后，刘锦阳就开始苦苦寻找出路，并在一家美容店打起了零工。在此期间，她在一家美容学院进行了一个月的免费培训。刚开始的时候，生存是艰难的，刘锦阳每天要工作12个小时以上，拿到的工资却少得可怜，几乎无法支撑生活费用，父母和女伴们得知后，都劝刘锦阳回山村里结婚，可刘锦阳还是坚持留在大城市。

经历三年的风雨，历尽艰辛、工作经验已经很丰富的刘锦阳借遍了亲朋好友的钱，东拼西凑，租了120平方米的店面开了自己的美容店。一个月后，深感知识缺乏的她又自掏学费到济南、烟台、青岛等大城市考察学习。

如今，凭借着专业的美容技术和良好的服务，刘锦阳的美容店的生意做得风风火火，有稳定顾客五十余名，每月都有新的顾客加入，月销售额一万余元。她已然出落成意气风发、信心十足的小老板了，而那些女伴们依然在山里过着单调的生活。

走出自己的小生活圈子、拓宽自己的视野，只有这样才不致把自己封闭在一个固定的范围里，才能获得更多的商机，赢得更多的客户，储存新鲜的力量，增强自己的实力，从而获得更大的发展。

这就如同画家绘画一样，每个画家都有自己不同的风格，色彩浓度、线条轻重、描述对象、表达意图等，其中有一些可能是优秀的、有价值的，还有一些可能是脱离时代的、庸俗的。画家要不断地打破自己的风格，去粗取精，才能画出好作品。

外面的世界很精彩，从小的生活范围中走出来，融入到人生大舞台，放飞自己的无限遐想和活力，很多时候我们就会有不同的发现，说不定困扰也会迎刃而解，从而让自己的人生旅程更加丰富多彩、更加绚烂多姿。

第三章　信念是火焰，它指给我们光明的路

信念是一团永不熄灭的火焰,用它照亮心中的理想,照亮前行的路。你看,北极星,还亮。

有信念，便永不绝望

坚强的信念永远都是一股巨大的动力。

要想使自己成功，除了弄清自己成为成功者的才能外，最根本、最重要的是持有信念。人生的轨迹不是预定的，信念左右命运，坚强的信念永远都是一股巨大的动力，指引我们前进的方向，支撑着我们努力奋发。

这是因为，当你坚信某一件事情、相信自己一定能的时候，就无疑在潜意识里给自己下了一道不容置疑的命令，便会在心底里播下相信自己能的种子，从而唤醒沉睡的潜能，使自己焕发出无限的能力来。

正如空气对于生命很重要一样，信念对于成功也有绝对的必要。一个人如果没有信念，他会感到无聊和空虚，也不可能采取任何积极的方式，只能在人生的旅途上徘徊，永远到不了任何地方。

1952年7月4日清晨，一个34岁的女子从卡塔弗纳岛涉水下到太平洋中，开始向加州海岸游过去。如果今天成功了，她就是第一个横渡英吉利海峡的女子，这名女子叫费罗伦丝·查德威克。

那天早晨，加利福尼亚海岸笼罩在浓雾中，海水冰凉刺骨，费罗伦丝被冻得全身发麻。千万人在电视上看着，她在汪洋大海中不停地向前游着，有几次鲨鱼靠近了她，都被工作人员开枪吓跑了。

时间一个钟头一个钟头过去了,除了浓雾,费罗伦丝已经看不到任何标志,她感觉自己累极了,便向护送船只求救。她的母亲和教练也在船上,他们说她已经离海岸很近了,叫费罗伦丝不要放弃,但费罗伦丝说自己除了浓雾以外什么也看不到。

她又坚持了几十分钟,从出发算起15个钟头零55分钟之后,人们把费罗伦丝拉上船。可实际上,她被拉上来的地点离加州海岸只有半英里。费罗伦丝不无遗憾地说:"说实话,如果当时我看见陆地,我一定能坚持下来。"

这个故事告诉我们一个道理:妨碍费罗伦丝·查德威克成功的不是海上的大雾,而是她内心的疑惑。是她自己失去了信念,让大雾挡住了视线,迷惑了心灵,结果导致了她的失败。

事实的确如此,一个心中没有信念或者缺乏信念的人,是很难赢得成功的青睐的。

影响我们人生的绝不是对什么感兴趣,而是持有什么样的信念。树立并坚定了信念,不仅不会让形形色色的迷雾蒙上自己的双眼、俘虏自己的心,还会给我们带来无穷的力量,带来克难奋进的决心和持久的行动力,即使表面看来不可能办成的事,也可能办成。《满满一壶沙》,说的就是以信念求生存的故事。

沙漠里气候干旱,遭遇风沙是常有的事情,很多人都被无情地埋葬在这里。

一支探险队行至沙漠时,突然遭遇了一场突如其来的暴风沙,风非常大,吹得他们什么也看不见,一阵狂沙吹过之后,他们已认不得正确的方向,而且那些装有干粮和水的背包也被风卷走了。

在茫茫无垠的沙漠中,阳光炙烈,风沙满天,大家心里都很清楚没水意味着什么。探险队在沙漠上艰难前行着，没过多长时间，几乎所有的队员都开始觉得四肢乏力，几乎都走不动了，感到死神正在向他们挥手。

这时候，探险队的队长把所有队员召集在一起，只见他从腰间拿出了一个水壶，说："幸好我把这瓶水带在了身上，我们还有希望在喝完这壶水之前走出沙漠。但我们就这一壶水了，没有走出沙漠，谁也不能喝这壶水。"

那个水壶从探险队员们手里依次传递着，大家拿着水壶都感到沉甸甸的，虽然不能喝，但一想到有救命水，一种充满生机的幸福和喜悦在每个队员濒临绝望的脸上弥漫开来，他们感觉浑身充满了力量。

终于，队员们凭着那壶水带给他们的信念，一步步挣脱了死亡线，顽强地穿越了茫茫沙漠，在他们喜极而泣的时候，突然想到了水壶以及给了他们精神和信念以支撑的水。拧开壶盖，流出的却是满满一壶沙……

这群探险队员在迷路、缺水的情况下，却能坚强地走出茫茫大漠，创造出一般人难以创造的奇迹，正是因为他们相信这壶"水"有让自己有活下去的可能，这就是信念给予他们的力量，让人惊叹的力量。

总之，我们一定要坚持自己的信念，信念的力量是无法估量的。信念，是蕴藏在心中的一团永不熄灭的火焰，指引人们前进的方向。信念，是保证一生追求目标成功的内在驱动力，是成功的起点。

不过，信念并不是虚无缥缈的东西，更不是英雄伟人的专利。信念就存在于每个人的心里，体现在每一天的实际生活中。心中拥有信念，就要坚定不移、实实在在地践行，信之愈深，念之愈远。

朝着"北斗星"的方向

新生活是从选定方向开始的。

"目标"与"信念"这两个词是连在一起的。目标是一种外在的、具体的、实际的表现,信念则是一种内在的、抽象的、含蓄的表现。现实中的目标就像一个靶子,如果我们没有目标,稍不留神信念就会溜之大吉。

换句话说,一个人如果一开始就不知道他要去的目的地在哪里,那么即使他再有信念,他也永远到不了想去的地方,也就永远实现不了目标。人只有确立了自己前进的目标,才会最大可能地激发信念,主宰自己的命运。

有了目标,我们往往就会有一股相信自己能、勇往直前的信念,取得超越我们自身能力的成就。道格拉斯·勒顿说得好:"你决定人生追求什么之后,你就做出了人生最重大的选择。要能如愿,首先要弄清你的愿望是什么。"

有这样一个故事,说的是关于西撒哈拉沙漠中的旅游胜地比赛尔。

很久以前,比赛尔是一个只能进、不能出的贫瘠荒漠,因为世世代代没有一个人可以走出去。那些人在一望无际的沙漠里,只会走出许多大小不一的圆圈,最后的足迹十有八九是一把卷尺的形状。

后来,一位叫肯·莱文的西方探险家为了弄明白比赛尔人为何走不出大漠,便来到了这里。他发现比赛尔四处都是茫茫大漠,一个人如果凭着感觉往前走，只会陷入团团转的境地中，最后都毫无例外地回到出发点。

于是，肯·莱文想到必须找到一个可以参照的东西，才有可能分辨出方向，他选择了北斗星，他白天休息，夜晚朝着北斗星的方向前行。在北斗星的指引下，他仅仅用了三天半的时间就成功地走出了大漠。

从那以后，成千上万的旅游者开始参观比赛尔，给比赛尔人送来了物质和知识的财富。肯·莱文也被称为比赛尔的开拓者，他的铜像被竖在小城的中央。铜像的底座上刻着一行字：新生活是从选定方向开始的。

一个人，他真正的人生之旅是从选定自己的人生目标开始的。在坚定自己的信念之前，我们必须花费一段相当长的时间去计划，努力找准自己的"北斗星"，明确自己的"靶子"，不然一切都是枉然。

正如亚里士多德所说："明白自己一生在追求什么目标非常重要，因为那就像弓箭手瞄准箭靶，我们会更有机会得到自己想要的东西。"一个心中有目标的人，即使开始再普通，也一定能依靠信念成为成功的创造者，这也是所有在某一领域取得成功的人之所以能够成功的先决条件，美国纽约大都会街区铁路公司的总裁弗兰克就是循着这一条不变的途径实现成功的。

谈及自己的成功时，弗兰克说："在我看来，对一个有目标的年轻人来说，没有什么不能改变，也没有什么不能实现，而且这样的人无论从事什么样的工作，在什么地方都会受到欢迎。"

50年前，弗兰克还是一个13岁的少年。由于家境贫困，他没有上过几天学便提早进入了社会，他要求自己一定要有所作为。那时候，他的人生目标是当上纽约大都会街区铁路公司的总裁。

为了实现这个目标，弗兰克从15岁开始就与一伙人一起为城市运送冰块，不断地利用闲暇时间学习，并想方设法向铁路行业靠拢。18岁那年，经人介绍，他进入了铁路行业，在长岛铁路公司的夜行货车上当一名装卸工。尽管每天又苦又累，但弗兰克始终积极地对待自己的工作，他也因此受到赏识，被安排到纽约大都会街区铁路公司干铁路扳道工的工作。

弗兰克感觉自己正在向铁路公司总裁的职位迈进。在这里，他依然勤奋工作，加班加点，并利用空闲帮主管做一些统计工作，他觉得只有这样才可以学到一些更有价值的东西。后来，弗兰克回忆说："不知道有多少次，我不得不工作到午夜十一二点才能统计出各种关于火车的赢利与支出、发动机耗量与运转情况、货物与旅客的数量等数据。做完这些工作后，我得到的最大收获就是迅速掌握了铁路各个部门具体运作细节的第一手资料。而这一点，没有几个铁路经理能够真正做到。通过这种途径，我已经对这一行业所有部门的情况了如指掌。"

但是，扳道员的工作只是与铁路大建设有关联的暂时性工作，工作一结束，弗兰克面临着离职的危险。于是，他主动找到了公司的一位主管，告诉他，自己希望能继续留在公司做事，只要能留下，做什么样的工作都可以。对方被他的诚挚所感动，调他到另一个部门去清洁那些满是灰尘的车厢。不久，他通过自己的实干精神，成为通往海姆基迪德的早期邮政列车上的刹车手。

在以后的岁月里，弗兰克始终没有忘记自己的目标，这种信念促使着他不断地充实自己的铁路知识，废寝忘食地工作着，他每天负责运送100万名乘客，却从没有发生过重大交通事故，最终，弗兰克终于实现了自己成为总裁的目标。

目标激发信念、引领成功，不过值得一提的是，同样是有目标的人，有人取得了成功，有人收获了失败；有人取得的是大成功，有人收获的却是小成功。之所以有这样的差别，与目标不够明确而具体有莫大的关系。

很多时候，目标越明确，对目标的理解越深刻，对自己心目中喜欢的事物便有一幅清晰的图画，信念就越能集中和持久，你就能够集中精力在你所选定的目标上，你也会因此更加热心于你的目标。

在东京国际马拉松邀请赛中，名不见经传的日本选手山田本一出人意料地夺得了世界冠军，一时间轰动了整个世界。当记者问山田本一凭什么取得惊人成绩时，不善言谈的山田本一回答：用智慧战胜对手。

当时，许多人都认为山田本一是在故弄玄虚。毕竟，谁都知道马拉松比赛是一项非常考验体力和耐力的运动，必须有坚定的信念才能有望夺冠，爆发力和速度都在其次，说用智慧取胜确实有点儿勉强。

两年后，意大利国际马拉松邀请赛在意大利北部城市米兰举行，山田本一代表日本参加比赛。这一次，他又获得了世界冠军。记者又请山田本一谈经验，山田本一回答的仍然是上次那句话：用智慧取胜。

这让人们对山田本一所谓的智慧更加迷惑不解。十年后，这个谜终于被解开了，山田本一在自传中是这么说的：

"起初比赛的时候，我总是把我的目标定在四十多公里外终点线上的那面旗帜上，结果我跑了十几公里时就疲惫不堪了，信念也被那段遥远的路程给吓倒了。后来，在教练的指导下，我把比赛目标进行了细化。

每次比赛之前，我都要乘车把比赛的线路仔细地看一遍，并把沿途比较醒目的标志画下来，比如第一个标志是黄色的房子、第二个标志是一棵大树、第三个标志是有名的酒店……这样一直画到赛程的终点。

比赛开始后，我就以百米的速度奋力地向第一个目标冲去，等到达第一个目标后，我又以同样的速度向第二个目标冲去。四十多公里的赛程，就被我分解成这么几个小目标,我的信念一直鼓励我努力奔向下一个目标,情绪一直很高涨,如此便能轻松地跑下来了……"

我们有时候会半途而废,这不是因为我们没有目标,而是目标太过于不明确。如果我们都有山田本一的智慧,懂得把大目标分成一个个小目标的话,也许就会减少许多懊悔和惋惜,重唤相信自己能的力量。

总之,杰出人士与平庸之辈的根本区别在于有无明确的目标。如果你想成为不可或缺、备受尊崇的精英人士,想成就自己的一番辉煌事业,那么学会及早给自己设定一个明确的目标,让信念成为引导你向成功前行的"北斗星"吧。

心中有梦自会飞

生活总是因为梦想而改变。

在陌生的城市中打拼了几年,每天的生活就是麻木地工作、闲聊、发呆、看无聊的电视或沉迷于网络,对自己不懂的东西已经没有任何好奇心了,甚至连十分钟都静不下心来读一本书,生活似乎没有别的色彩了……

如果这个人就是你,那你该醒醒了,该找回自己的梦想了。不要小瞧梦想,它是我们内心对人生、对自己的一种渴望,我们的生活会因为梦想而改变,我们日后能够取得多大的成就也与梦想息息相关。

每个人都应该有自己心动的梦想，你有过梦想吗？假如你的回答是"有"，那么，很高兴地告诉你，你已经拥有了一半的成功机会。假如你的回答是"没有"，不妨从现在起开始描绘自己的梦想。

也许，你的梦想听起来并不够伟大和崇高，但只要你坚定它是重要的东西，是你最渴望得到的，那么你就会变成积极的、充满阳光和斗志的人，不畏挑战、不畏艰难。有了这股气势，成功自然会向你靠拢。

比如，当你心里想着"我想让老板给我加薪升职"时，面对工作你就会变得更加积极主动，原本过去只是拜访一个客户，可现在你为了尽快实现自己的理想会去拜访两个甚至三个客户。于是，老板会觉得你充满了活力，积极向上、勤勤恳恳，有加薪升职的机会时他立刻就会想到你。

值得一提的是，梦想不是做白日梦，更不是喊口号，要付诸实际的行动才行。就像著名作家古龙先生所说："梦想决不是梦，两者之间的差别通常都有一段非常值得人们深思的距离。"有梦想才能有信念，有信念才能有作为，有行动才能获得成功。

下面，我们来分享一个故事。

美国服装业巨子雷夫·罗伦，他所创立的 Polo 服饰王国，创下了快速致富的典范。罗伦从小就喜欢做梦，但是他从不做白日梦，他像一个爱美的女孩一样希望能穿上显得自己英俊的衣服。

当别的孩子快乐地玩耍时，罗伦会将更多的心思放到服装上，他细心研究父母、自己的衣服，衣服的质地、细纹、设计等，渐渐地，他便拥有辨认皮夹克好坏、真伪的本领了。上中学时，罗伦用辛辛苦苦积攒的钱为自己买衣服，不断地培养自己对服装的了解。

进入服装界的梦想一直在罗伦脑海中盘旋，尽管他缺乏专业素养，但凭借自己高超的鉴赏能力，毕业后他获得一家领带制造公司的重用，得到了展示自己设计才华的机会，并获得了同行的赞誉。

后来，在朋友的提议下，罗伦和朋友合资建立了 Polo Fashion 公司。罗伦有了发挥才华的空间，他的设计很快就赢得了当时年轻人市场的肯定，进而掀起一股流行狂潮，Polo 也从此成为了男装革命的急先锋。

罗伦从小有一个"能穿上显得自己英俊的衣服"的梦想，不过他没有止步于想想而已，而是相信自己能，并将更多的心思放到研究服装的质地、细纹、设计等上面。正是因为付诸了行动，他最终梦想成真，成就显著。

因此，无论你的生活多么烦琐，处境多么艰辛，把你的梦想当成对自己一生的"承诺"，严肃而认真地去面对它、实践它吧。用智慧和信念弥补现实与梦想的距离，你将获得成长的持久动力，成为胜利场上的主角。

用高远的目标为人生导航

一个人的事业决不会超过自己的信念。

一个渔翁在河边钓鱼，看样子他的运气还不错，不一会儿只见水面一动，银光一闪，就钓上来一条。但令人奇怪的是，每次钓到大鱼，渔翁就会摇摇头，然后把它们放回到水中，只有小鱼才被他放到鱼篓里。

在旁边观看垂钓的人迷惑不解，问道："你为什么要放掉大鱼，而留下小鱼呢？"

"唉，"渔翁回答道，"我只有一个小锅，怎么能煮得下大鱼呢？"

在这个竞争激烈的社会，你是否和故事里的渔翁一样，常常不够相信自己的能力，认为自己的能耐不够，凡事不敢期望太多，时常对自己说："现实一点儿，还是做自己应该做的事，拿自己应该得到的报酬吧。"

诚然，每一个人都有自己的生活方式，怎样选择本无可厚非，但是要想追求成功和幸福，你的人生就不能没有一个远大目标。对此，林肯说过："喷泉的高度不会超过它的源头，一个人的事业也是这样，他的成就决不会超过他的信念。"

一句古话是这样说的："望乎其中，得乎其下；望乎其上，得乎其中。"意思是说，做一件事，如果你期望达到中等水平，结果你只可能达到下等水平，但是如果你把目标定位在上等水平，你就有可能取得中等水平。

的确，如果我们不相信自己，对自己所做的事情"望乎其中"，期望性不高，抱着敷衍了事的态度。那么，结果不仅获得成功的可能性小，而且即使偶得进展，也不会体会到由衷的成就感，我们的一生也注定碌碌无为。

一位伟大的诗人就通过以下的诗句，表达出这个普遍的真理。

我向生命再次讲价，生命却已不再加酬，夜里无论如何乞求，当我讨数薄财依旧。生命乃一公正雇主，任何祈求他愿给付，然而一旦酬劳讲定，汝之劳役汝须担负。向来辛劳只为薄薪，悚然恍悟，早知如果要求生命定出高价，生命原来皆愿允诺。

因此，赶紧清醒过来，树立一个远大的目标吧，如果你希望有一番作为，想取得成功的话。

俗话说"会当凌绝顶，一览众山小"，如果你要想有一番作为的话，就应该给人生一个大的参照物，登高望远才能天高地阔。也就是说，只有拥有了很大的目标，追求高度的人生，才能够得到更大的成功。人伟大是因为目标伟大。

你或许会问：伟大的目标为何能使人获得更大的成就，变得伟大呢？理由再简单不过，一个人追求的目标越远大，信念的力量就越强，就越能战胜各种压力和困难，能力才会发展得越来越快、越来越大。

你是否听说过这样一个故事。

在一个建筑工地上有三个泥瓦工，有人问道："你们在做什么？"

第一个工人头也不抬地说："砌砖。"

第二个工人抬了抬头说："我正在赚钱。"

第三个工人热情洋溢、满怀憧憬地说："我正在建造世界上最美的殿堂。"

十年后，前两个人依然是普普通通的砌砖工人，而第三个工人已然是当地赫赫有名的建筑师。这是为何呢？因为，第一个工人成为了一名这个手艺行当里的老师傅，只不过他仍然是一个砌砖的泥瓦匠，因为他心里只有砖；第二个工人成为了这个建筑工地的工长，因为他心中只有钱；而第三个工人有"远见"，心中装有的是一座殿堂。

通过这个故事，我们可以了解，人生的未来就像一座大厦的落成，最终的高度取决于最初的"想要"，也就是我们每个人都拥有的目标。一个人心中的目标只有大到足以让他的意识与潜意识有反应，才能产生坚定的信念，为之不懈努力、全力以赴，这样我们就很有希望获得成功。

我们再来看看拿破仑的故事。

拿破仑年少时，被贫穷却高傲的父亲送进了一所贵族学校。在那里，与拿破仑往来的都是一些夸耀自己富有而讥笑他穷苦的同学："你以为在贵族学校上学就能成贵族了吗？不可能！"这种讥讽深深地刺伤了拿破仑，他既愤怒又无奈。后来他实在是受不了了，就写信给父亲说明自己不想读书的意愿。

"你必须在那里把书念完。"这是他父亲的回答。于是，拿破仑在那里忍受了整整五年的痛苦，期间，同学的每一次嘲笑和欺辱都让他增强了决心：我一定要比这些愚蠢的人强，做个军官让他们看看！

大多数的同学都在利用多余的时间追求女人和赌博，而拿破仑却把所有的时间都用来读书，设法与他们竞争。图书馆里可以借书，这对于拿破仑而言非常有益，他可以免费充实自己，为理想中的将来做准备。那时候，拿破仑住在一个破旧的房间里，他孤寂、沉闷，却一刻也没有忘记读书，他还把自己想象成一个总司令，将科西嘉地图画出来，地图上清楚地指出哪些地方应当布置防范，这是用数学的方法精确地计算出来的。

长官发现拿破仑的学问很好，便派他在操练场上执行一些任务，而他每一次都能够完成得很好，于是又获得新的机会。就这样，拿破仑慢慢地走上了有权势的道路。这时候，情形发生了转变，过去那些嘲笑拿破仑的人都开始围着他，想分享一点儿他得到的奖励金；那些看不起他的人，现在也都很尊重他。他们全部都成了拿破仑的拥戴者，拿破仑一下子变得很重要。

此后，拿破仑真的成为了一名军官，他创造了一系列的奇迹：指挥的五十多场战役，只有三场战败，连续五次挫败反法联军，歼灭敌军千万之多。在不到十年的时间里，他征服了大半个欧洲。

拿破仑之所以成为伟大的人物，完全源于他最初的那个信念：我要做军官，要比别人强。如果当初没有这样强大的信念做支撑，他或许就在同学们的嘲笑、贬低声中没落了，无法取得丰功伟绩，恐怕历史就要被重写了。

心存高远的目标，是成功的真正本钱。在生活中，这样的例子并不少见。比如，举重选手如果想成为冠军，他必要每天加强锻炼；父母要想培养出卓越的孩子，他们必然会重视孩子德、智、体、美、劳等各方面的教育。

当然，树立一个远大目标的意义并不在于它能否实现，主要在于它能否调动人心中的渴望，能激发人的积极心理和坚定的信念。到最后即使全力以赴仍然成功不了，但你在信念的引导下，所能实现的目标却很可能是其他人望尘莫及的。

你想获得成功吗？想拥有不一样的未来吗？不妨把目标定得高远些吧。我要到达多远的地方？我要到什么地方去？我怎样才能到达呢？远见将召唤我们更加相信自己，进而从一个成功迈向另一个成功。

沉下心，坚定信念

坚守自己的信念，就会柳暗花明又一村。

任何一个人如果想在某一方面取得成功，就应该坚守成功的信念，为实现自己的目标而奋斗，这样才能最终取得成功。如果信念不坚定或见异思迁，你最后会功败垂成、追悔莫及。

沃伦·巴菲特是美国有史以来最伟大的投资家，他倡导的价值投资理论风靡世界，他还被美国人称为"除了父亲之外最值得尊敬的男人"。不过，鲜为人知的是，巴菲特也遭遇过失败，原因则是不够相信自己，不坚守自己的信念。

沃伦·巴菲特的父亲在奥马哈城开了一家自己的杂货店，形形色色的人都会光顾巴菲特家的杂货店，购买各种各样的用品。耳濡目染，巴菲特从小就很有经商头脑，11岁时他说服了自己的姐姐共同投资，购买了平生第一支股票，他以每股38美元的价格购买了城市服务公司的三股股票。

但是，没有过多久，股价迅速地跌到了27美元，姐姐每天都指责巴菲特，巴菲特不停地解释要等三四年才能挣钱。后来当股价回升至40美元时，姐姐又催促着巴菲特赶紧将手中的股票全部抛掉。为了摆脱令人头痛的唠叨，巴菲特照做了，但很快股价一路飙升至200美元。

这件事情令巴菲特心痛不已，他总结出的第一条投资经验：依照自己的意愿来实施投资策略，不要被人们的言论所左右。因为当你对某件事情非常坚信时，他人的建议只能让你感到困惑，过多地考虑别人的建议，无异于浪费时间。

在职业生涯里，巴菲特一直铭记第一条投资经验：不被他人的言论所左右。1957年，巴菲特掌管的资金达到30万美元，但年末则升至50万美元；1962年为720万美元，1964年为2200万美元，1967年为6500万美元……

在巴菲特的成功过程中，我们可以看出他之所以能够获得实实在在的利益，取得最大程度上的成功，与他具备分辨是非和自我决断的能力、60年如一日坚持自己的立场、相信自己的能力、坚守自己的信念分不开。

人最难对付的就是自己，最强大的也是自己的内心！只要自己计划好的，只要自己觉得对的，不管别人是否肯定，不管别人是否赞同，不管别人是否欣赏，只管相信自己，坚持自己的想法和信念，义无反顾地去做。

每项奇迹的开始总是始于一种伟大的想法。或许没有人知道今天的一想法将会走多远，但是，我们不要怀疑，只要沉下心来，坚定自己的信念，让心中的杂音寂静，你就会听见成功在不远处，而且伸手可及。

蒙提·罗伯兹的父亲是位马术师，他从小就必须跟着父亲东奔西跑，一个马厩接着一个马厩、一个农场接着一个农场地去训练马匹。由于经常四处奔波，他的学习成绩不好，也不受老师的欢迎。

一天，老师给全班同学布置了一篇作文，题目是"长大后的志愿"。

蒙提和父亲一样喜欢在马场上奔驰的感觉，于是那晚他洋洋洒洒写了七张纸，描述他的伟大志愿，就是想拥有一座属于自己的牧马农场，他还仔细画了一张200亩的农场设计图，农场中央则是一栋占地4000平方英尺的巨宅。

蒙提花费了很大的心血，他满以为老师会给自己一个"A"，但是拿回作文时，他看到一个又红又大的"F"，于是，下课后他愤愤不平地拿着作文去找老师："老师，这篇作文我写得很用心，您为什么给我不及格？"

"哦，"老师解释道，"你学习不好，家里没钱，又没背景，什么都没有。盖座农场可是个大工程，你别太好高骛远了。这样吧，你如果肯重写一个比较不离谱的志愿，我会重打你的分数。"

"要重写一个志愿吗？但是我以后真的要拥有一座属于自己的牧马农场，可是作文不及格怎么办？"蒙提反复思量，最后征询父亲的意见，父亲告诉他："儿子，这是非常重要的决定，你必须自己拿定主意。"

于是，蒙提决定坚持自己的信念，他一个字都不改，原稿交回。在这个信念的激励下，后来他真的拥有了200亩农场和占地4000平方英尺的豪华住宅，而且那份初中时写的作文他至今还留着。

后来，蒙提还邀请自己当初的老师和同学来农场露营了一星期。离开之前，那位老师对蒙提说："还记得当初我和你说的话吗？说来有些惭愧，我也对不少学生说过相同的话,幸亏你一直坚守着自己的信念。"

无论什么时候,无论做什么事情,只要我们自己觉得对的,只要自己计划好的,就不要管别人怎么怀疑。坚守自己的信念,按自己的想法一步一步地去做,并且尽自己的所能做到自己最满意的程度就够了。

要知道,坚守自己的信念,就会有"漫随天外云卷云舒"的旷达心境;坚守自己的信念,就会有"直挂云帆济沧海"的博大胸襟;坚守自己的信念,也就会有"柳暗花明又一村"的意外收获。

信念是火焰,指给我们光明的路

用信念引爆内心的正能量。

信念是一种动力,若想在人生中有一番作为,就必须相信自己,坚持自己的信念。不过,强烈的信念乃是更有价值的动力,有些时候我们必须好好控制自己的信念,要把信念提升到强烈的程度。

这是因为,信念一旦达到强烈程度,会引爆我们内心的能量场,促使我们竭尽全力地采取一切积极行动,进而扫除一切横在前面的障碍,度过人生中各种艰苦的时光,奏出生命乐章的最强音。

爱丽芬是个活力充沛、朝气蓬勃的女性,她经营着一家精美礼品店。她爱美丽、爱跳舞、爱唱歌,经常摘下花园里的鲜花摆满一屋子,邀请朋友们来家中开舞会，她的生活过得有滋有味。

可是，在29岁时，爱丽芬的生活改变了。那段时间，爱丽芬经常感到后背一阵阵疼痛，去医院一检查，却被告知她得了良性脊椎瘤，从此她需要平躺在床上度过余生，她再也不能恢复以前的样子了。

一想到自己被囚在床上，再也不能与朋友们唱歌或跳舞，所拥有的所有东西似乎都已失去了，爱丽芬伤心极了。有好长一段时间，她躺在床上问自己这种生活值不值得过，最后她得出了自己的答案——值！因为她想到自己的身体虽然被囚禁了，但信念依然自由，她要运用仍然属于自己的信念好好活下去。

于是，爱丽芬尽力学习一切有关残疾人士的知识，毛遂自荐到一家医院，做残疾人的心理医生。后来，她干脆成立了一个名叫残疾社的辅导团体。只要她一到，那些残疾人便围着她，专心聆听她讲的每一个字。毋庸置疑，爱丽芬依然是广受欢迎的美丽女人。

爱丽芬虽然是一个年纪轻轻就患重疾的不幸者，但就是因为强烈的信念，她又重新成为了广受欢迎的美丽女人；就是因为强烈的信念，她将原本被上帝打了折扣的人生谱写成了如此华美的乐章，她是一个平凡而伟大的女性。

可见，一个有信念的人所发出来的力量，不亚于99位仅心存兴趣的人所发出来的力量。一个有强烈信念的人，可以完美地引爆内心的能量场，进而轻而易举地控制好自己的人生，这也就是为何信念能开启卓越之门的缘故。

综观在事业上有成就的人，大多重视强烈的信念。比如，高尔基曾指出："只有满怀信念的人，才能在任何地方都把信念沉浸在生活中并实现自己的意志。"巴甫洛夫更是宣称"如果我坚持什么，就是用炮也不能打倒我"。

居里夫人作为世界著名科学家，她在研究放射性现象时发现了镭和钋两种天然放射性元素，被人称为"镭的母亲"，一生两度获诺贝尔化学奖。在研究过程中，居里夫人有着非同常人的强烈信念。

提取纯镭所需要的沥青铀矿在当时是很昂贵的，居里夫人和丈夫皮埃尔·居里从自己的生活费中一点一滴地节省，先后买了八九吨；为了尽早提炼出纯镭，居里夫人经常在实验室一待就是一整天，丈夫去世后更是如此。

由于长期从事放射性物质的研究工作，加上恶劣的实验环境和对身体保护的不够严格，居里夫人时常受到放射性元素的侵袭，她的血液渐渐受到了破坏，患上白血病、肺病、眼病、胆病、肾病，甚至患过神经错乱症。

但是，对科学信念的执着追求使居里夫人丝毫没有退缩过，她忍受着眼睛失明的恐惧，顽强地进行科学研究；为了能参加世界物理学大会，她请求医生延期施行肾脏手术；直到她生命的最后一刻时，她仍然要求她的女儿向她报告实验室里的工作情况，替她校对她写的《放射性》著作……

总结自己的一生时，居里夫人说："生活对于任何一个人都非易事，我们必须有坚忍不拔的精神，最要紧的是我们自己要有信念。我们必须相信，我们对每一件事情都具有天赋的才能，并且付出任何代价都要把这件事完成。"

信念犹如火焰，当阴霾蔽日之时，指引给我们奔向光明的前程；信念宛如温泉，当冰凌满谷之时冲荡我们，令身心暖融融；信念好比葛藤，当我们向险峰攀登之时，带领着我们拾级而上。

总之，若能好好控制信念，它就能帮我们挖掘出深藏在内心的无穷力量。你若想在人生中有一番成就，进而开创美好的未来，就要把信念提升到强烈的层度。这是最简单、最有效的成功办法之一。

第四章 内心的强大,是突破的开始

无论现在是怎样的境遇,都不要说"不可能",
只有心不设限,才能凤凰涅槃。

跳出心灵的围墙

解除自我设限的"紧箍咒",成就一个更好的自己。

也许,你的人生此刻走进了一个"死胡同",似乎自己的事业已经到达了巅峰期,再怎么努力也不会有进步,高薪高职的机会也不会靠近。你是不是会感叹自己没有机遇,好运从不曾降临……

其实,你更应该问问自己,是否戴上了自我设限的"紧箍咒"?何为自我设限呢?就是外界本来没有限制,但我们在内心给自己限制了一定的高度,从而使自己故步自封,阻碍自己前进的道路。

有人曾经做过这样一个实验。

实验者往一个玻璃杯里放进一只跳蚤,跳蚤立即轻易地跳了出来。再重复几遍,结果还是一样。根据测试,跳蚤跳的高度一般可达到它身体的400倍左右。接下来,实验者再次把这只跳蚤放进杯子里,不过这次在杯上加了一个玻璃盖,"嘣"的一声,跳蚤重重地撞在玻璃盖上。一次次被撞后,就会发现跳蚤会继续跳,但是不再跳到足以撞到盖子的高度。几天后,实验者把这个盖子轻轻拿掉了,这只可怜的跳蚤虽然还在这个玻璃杯里不停地跳着,但是它已经无法跳出这个玻璃杯了。

仔细想一下,实验中的那只跳蚤难道真的丧失了跳跃能力,不能跳出这个杯子吗？绝对不是，而是它早已经被撞怕了，在心里面已经默认了这个杯子的高度是自己无法逾越的，所以就真的再也跳不出来了。

常人的悲哀也是这样，我们之所以不成功，并不是没有能力，也不是没有努力，而是总喜欢给自己设定许多的条条框框，在心里面默认了一个自己的"高度"，进行了自我设限，从而不敢去追求成功。如此，即便具备潜力，也会因为这种自我设限而无法引爆潜能，结果可能就真的不行。

生活中有很多类似的情形：某人得知自己患了癌症，医生告知他可能还有几年的寿命，但他却在几个月之后就离世了。这是因为他在内心给了自己一种消极的暗示：我活不了多久了。于是，一切就真的发生了。

世界上本没有什么依仗魔力便获得成功的人，谁也不是天生就伟大杰出的。实际上，开始时，人们在同一条起跑线上，只是那些成功的人从不给自己设限，并主动展现自己的能力，最终得到凤凰涅槃的重生。

1970年，31岁的柴田和子踏入保险界。

1978年，柴田和子创下了在一年之内发展804位业务员业绩的惊人业绩，首次登上了保险界"日本第一"的宝座，此后一直蝉联了16年日本保险销售冠军，荣登"日本保险女王"的宝座。

1988年，她创造了世界寿险销售第一的业绩，并因此而荣登吉尼斯世界纪录，此后逐年刷新纪录，至今无人打破。她的年度成绩能抵上八百多名日本同行的年度销售总和，是营销精英分子们心中的"顶级大姐"。

1995年起，柴田和子担任了日本保险协会会长，但业绩依然不衰，早已超过了世界上任何一个推销员。在全球寿险界，谈到寿险销售成绩的时候，人们常常说"西有班·费德雯，东有柴田和子"。

而在踏入保险界之前，柴田和子当了四年的专职家庭主妇，哺育两个幼儿，她认识的人根本不足100人。对于自己的成功，她给出了"处方"："只要你想要，没有什么不可能，这种心态确实帮了我不少忙。"

由此可见，要不要跳？能不能跳过某个高度？到底能有多大的成功？这一切问题的答案并不需要等到事实结果的出现，而只要看看一开始你在内心对这件事情是如何思考的，就完全可以预知答案了。

明白了这个道理后，你要想改变目前的现状，就需要整理一下自己，从内心战胜自己，即解除自我设限的"紧箍咒"，跳出我们自己或者其他人设下的条条框框，多一份我相信自己能的勇气。

当然，对自身的局限进行突破非常重要，同时也有相当的难度，因为它所要突破的是隐存于自己内心的自我围墙，要想在自我与环境中摸索出突破的方向，不做出一番努力是无法达到的。

辛普生出身于旧金山的贫民区内，父母离异，家境贫寒。六岁时，他突然得了小儿软骨病，双腿必须用夹板夹牢。因为支付不起药费，用来支撑的夹板是他家里做的。病痛加上长期的夹板作用，使辛普生的腿逐步萎缩，双脚向内翻，小腿很细，而医生认定他的人生毫无前途可言。

一日，辛普生偶然结识了旧金山飞人棒球队的运动员威利·梅斯基，他萌生了当运动员的想法。但是，母亲却说这是不可能的。的确，辛普生双腿的肌肉萎缩，根本不是当运动员的料。不过，辛普生并不这么认为。

为了帮助家里挣钱，也为了锻炼腿部的肌肉，辛普生开始参加工作了，他到街上去卖报、到池塘去打鱼、到火车站帮别人装卸行李，还在一家商店做过售货员，一有时间他便到附近一所中学练习打橄榄球，这期间的辛苦可想而知。每天晚上回到家后，辛普生需要给腿部按摩半个小时才能感觉舒服一点儿。

"谁说我的人生毫无前途可言,不试怎么知道自己不行?我相信我能行!"辛普生时常这样告诉自己。他不畏惧困难,艰苦训练,随着腿部肌肉的恢复,他的技术越来越好,后来竟表现得不同凡响,一时间成了全美国最杰出的棒球运动员之一。

辛普生虽然只是一个无名小卒,而且还患过小儿软骨病,但与常人不同的是,他没有自我设限、安于现状,而是多了一份"我相信我能"的自信,勇往直前、不断超越,最终成就了自己。

对成功怀有渴望,就要相信自己,不必惧怕穷困潦倒,不必和自己说"不可能"。因为没有什么是不可能的,只有解除了自我设限的"紧箍咒",就有可能迎来凤凰涅槃的重生。人生如此,该是何等的洒脱、何等的惬意。

别让压力占据心灵

正视压力,与压力共舞。

每个人的生活中都有压力,这些压力来自于各个方面:工作上的、学业上的、感情上的、经济上的……然而,为什么有的人能够在压力之下活得轻松自在、奋发图强、成就梦想,有的人却每天都是愁眉苦脸、恐慌烦躁呢?

人们因工作压力而导致心理上的紧张抑郁状态,被称作"齐加尼克效应",它源于法国心理学家齐加尼克曾经做的一次很有意思的实验。其义指,如果处理不当或不能适应压力，可导致身心健康隐患，其表现为：

常常无端觉得厌倦，莫名地情绪低落和焦虑；

经常感到疲劳、困倦，该睡的时候不能成眠或常常被惊醒；

时常萌生不想工作的念头，甚至有人感觉压力让自己变得窒息；

害怕变化，不愿意尝试新东西，对未来有恐惧感；

形成各种身心疾病，如高血压、心脏病、抑郁症等；

……

压力如此可怕，我们不禁要问：难道那些轻松的人有什么异于常人的智慧？其实，这样的人如你我一样，都是普普通通的老百姓。只不过，他们懂得自己释放内心的压力，不被压力所伤害。

事实上，种种压力不是外界所能给予我们的，而是我们人为地给自己身上添加了额外的砝码，所以压力并不可怕，只要我们能够停止给自己不断加压，时时懂得放下压力，我们就能获得一个健康、快乐的身心。

一个被压力所困的年轻人找到大学时期的心理学讲师，希望老师可以告诉自己如何正确对待压力。

老师递给他一杯水，问道："你说这杯水有多重？"

年轻人有点儿不屑地摇摇头，说："很轻，也就20克。"

老师没有再多说什么，而是一直让他举着。过了一段时间，又问："重吗？"

这时，年轻人举杯子的手已经感觉有些酸痛了。他换了一下手说："感觉很重，好像有500克。"

从20克到500克，两次的回答，悬殊竟然这么大。

老师徐徐道来："其实杯子的重量没有发生任何变化，变化的是时间。举一分钟，谁都可以做到；举一个小时，你就会觉得手臂酸痛；若是一天都举着一动不动的话，恐怕你就得进医院了。"

顿了顿，老师继续说道："正确的做法是，放下水杯，休息一下，以便再次举起它。压力也是一样，倘若我们总是将压力扛在肩上不放，压力会变得越来越重，早晚有一天，我们将不堪其重，不如放下。"

年轻人听后恍然大悟。

懂得放下压力，调整自己的心理状态，我们才能始终从容不迫、游刃有余地张弛命运之簧。这就像大自然中的雪松一样，每到雪花逼近时，它那富有弹性的枝丫就会弯曲，使雪滑落下来。因此，无论雪下得多大，雪松弯而不折、曲而不断，始终完好无损。

放下压力是解决压力的有效办法，不过有些人还善于将压力转变为动力，使之成为一种激励人心的力量，形成不言弃、不服输的气势，鼓起勇气奋力前行，最终在循序渐进中冲向成功的顶峰。

因此，压力是好还是坏，不在压力本身，关键看我们自己的选择。这正如英国著名心理学家罗伯尔所说："压力犹如一把尖刀，它可以为我们所用，也可以把我们割伤。这就要看你握住的是刀刃还是刀柄。"

卢卡斯进入一家保险公司没半年，他性格内向、为人腼腆，却居然在一个月之内发展了三十多个客户。这样显著的成绩，自然引起了公司经理的关注和表扬，他甚至还动员全公司人给卢卡斯举办了一场庆功会。

在庆功会上，当公司经理询问卢卡斯怎么能在一个月的时间内成功"拿下"三十多个客户时，卢卡斯腼腆地说："因为之前对于工作总是忧心忡忡，觉得自己干不好。后来，我逐渐放松心态，这才发现其实工作做好不是难题。"

事情是这样的：原来公司为了激发业务员的斗志，特别设立了"龙虎榜"，不仅表扬业绩前三名的员工，就连业绩最差的后三名的员工也会张榜公布。刚到公司的前几个月，卢卡斯榜上有名，不过是位于倒数榜。

这自然令卢卡斯感到压力极大，那段时间他整天都在郁闷中度过，甚至连同事都不敢见。后来，稍稍冷静后，卢卡斯平静地对自己说："我不比别人笨，别人能做到的我也能。我不要再做倒数，我要做前三名。"

在这种想法的激励下，卢卡斯不再总是每天愁眉苦脸，而是尽量放松情绪，并全身心地投入到了工作中。他每天给100个客户打电话，包括给自己的亲戚、朋友，每天拜访30家客户，为他们讲解本公司优质的保险服务。

就这样，卢卡斯的业务越来越广，成了公司中数一数二的销售能人。

现在你该明白自己为什么总是不快乐、总是忧伤了吧。总结一下自己的生活看看，你是不是总是不够相信自己、太担心压力，才让自己的心态总是不稳定？学着放松心态，这样压力的梦魇才不会总是纠缠于你。

正如一位化学家所说："我为什么成功？因为我懂得调整心态，懂得把压力变成动力。假如压力是PH，在通常情况下显中性，那么我将不会让我的PH小于7，让压力不再可怕，不再让压力占据我的心灵！"

看待压力的角度不同，你就会得到不同的人生。还等什么？改变自己的心理状态，衷心地接纳和科学地处理压力吧，如此便能有效地防止"齐加尼克效应"，有条不紊地工作、随心所欲地生活、离成功也就越来越近。

让幸运充满内心

你心里想什么，就来什么。

幸运不是与生俱来的，而是吸引过来的。你想要自己幸运就幸运，这就像哆啦A梦神奇的百宝箱，就像神话故事里的阿拉丁神灯。你是不是觉得有点太玄妙了？听上去甚至不可思议、难以置信？别怀疑，我们每个人体内都有一个独特的气场。气场是一种磁场，或是带有魔法的能力，甚至是具有神秘能力的魔咒。当你内心坚定了某个信念的时候，它就会变得异常强大，将你所期待的事和人吸引过来。

回想一下，在生活中你有没有过这样的体验：你在公园散步的时候突然遇到了自己梦寐以求要见的人；你想要一个笔记本电脑，朋友果真将它作为生日礼物送给了你……相信很多人都有过这样的体验。

1907年，布鲁斯·麦克莱兰出版了他的著作《想象力带来富有》。在书中，布鲁斯提出了这样一个概念："你是你所想，而非你想你所是。"幸运也是如此。

你是否常说"我不幸运"、"我真倒霉"这些话呢？如果你有类似的想法，就要立即开启脑中的"清除"开关，将这些想法一扫而光。否则，好事会绕着你走，坏事总找上你。当然，这是相反的气场在决定你的境遇。

电影《倒霉爱神》恰恰给我们展示了这个事实。

女主人公艾什莉始终受着生活的眷顾，称得上是世界上最幸运的人、上帝的宠儿。毕业后她不费周折就在一家知名的公司做了项目经理；随便买一张彩票就能够中头奖；在繁忙的纽约街头想要搭计程车，很快就有好几辆车都向她驶来……她的生活和工作可谓一路畅通，惬意而幸运得让人忌妒。

男主人公杰克则是另一个极端，他好比世上的"天煞霉星"，只要有他出现的地方就一定有霉运。新买的裤子看上去好好的，可一穿就断线；工作上他更没有艾什莉那么幸运，他不过是一家保龄球馆的厕所清洁员；更倒霉的是，医院、警察局、中毒急救中心是他经常光顾的地方。

看到这些零碎的片段时，众人不禁哑然失笑。不过，你有没有想过，同样是生活在一起的两个人，怎么有人幸运，有人倒霉，而且差别还这么大？这是天生的吗？不是，这是人的气场在发挥作用。

艾什莉的内心充满着对好运气的渴望，这种渴望促使着她去感受美好、追求快乐，因而她的感觉越来越好。而杰克在潜意识里不断地提醒自己，很快就有霉运来了。于是，正如他所想的那样，倒霉的事真的接二连三地来了，而且想甩都甩不掉。

既然生活中的所有事物都是你吸引过来的，是你大脑的思维波动所吸引过来的，因此，每个人都有这样的能力和机会成为幸运人物，因为气场隐藏在每个人的心里，关键在于你是否能够巧妙地将它的能量引爆。

谁不想成为幸运儿呢？那么，相信你自己，重视你心里所期待的东西，在内心充满对幸运的渴望，接下来你就等待愿望实现吧。如此，你就能吸引幸运成为自己生活的一部分。

也许，你正羡慕身边的那些交际明星、职场红人，他们幸运极了，能力出众、春风得意，上司欣赏他们、客户喜欢他们、同事佩服他们，在朋友当中他们如同众星捧月，呼风唤雨，想要什么有什么。

那么，从现在起，你不妨渴望自己成为那种气度非凡、内外兼修、红得发紫的人。只要你愿意相信自己，心中充满了对各种幸运事情的渴望，那么不管做任何事你都能轻而易举地成功。

纵然忙碌，也要漫步人生

生活不是速度的竞赛。

不知道从何时开始，我们的神经好像上紧的发条一样紧绷着，习惯了在人生的道路上不断地奔跑，不断地向着下一个目标奋进，于是，我们的心失去了平静和从容，时时感到心力交瘁或迷惘躁动，生活索然无味。

对于此，也许你会无奈地说，谁不想平静下来？但这不是你所能控制的。毕竟，在现代社会，时间就是生命，时间就是金钱，世界每一秒都在飞速地前进，我们不得不被逼得只争朝夕，忙忙碌碌。

真的是这样吗？殊不知，我们不可能让世界慢下来，但我们至少可以让自己的脚步慢一点儿。因为能够控制我们步伐的不是这个世界，而是我们自己的内心。心若静，尘自飞；心若安，尘自乱。

一个哲人讲了这样一个故事。

"上帝给我分派了一个任务，让我牵一只蜗牛出去散步。于是，我就照做了。在途中，我尽管走得很慢，蜗牛尽管已经在尽力地爬，可每次总是才能挪动那么一点点距离。于是，我开始不停地催促它、吓唬它、责备它。蜗牛也只是用抱歉的眼光看着我,仿佛说自己已经尽力了。我恼怒了,就不停地拉它、扯它,甚至想踢它,蜗牛也只是受着伤、喘着气,卖力地往前爬。

我想:真是太奇怪了,为什么上帝要我牵一只蜗牛去散步呢?于是,我开始仰天望着上帝,天空一片安静。我想,反正上帝都不管它了,我还管它干什么?任由蜗牛慢慢往前爬吧,我想丢下它,独自往前赶路。我就放慢了脚步,想将它放下,静下心来……咦?我忽然闻到了花香,原来这边有个花园,我感到微风吹来,原来此刻的风如此温柔……而我以前怎么都没有体会到呢?

我这才想起来,莫非是我犯了错误,原来是上帝叫蜗牛牵我来散步的……"

的确,我们之所以忙碌,是因为我们总是在内心苛求自己忙碌。如果我们不去苦苦苛求自己,让此刻的自己松懈下来,走慢一点儿,那么,时间也就不会时刻都有棱有角,你的精神也将不再时刻处于紧绷的状态下,一如流水般柔软。渐渐地,你也会发现,内心的世界愈来愈平静、越来越无边,从而能够从容淡定、游刃有余地穿梭在世界中。而在一步步看似慢然的过程中,我们更容易感受生活的甜酸苦辣,体会到人生的无限乐趣。

生命的乐趣绝不在于不断地奔跑,而在于感受多姿多彩的过程,所以,在生活或工作中,我们无须苦苦苛求自己一味地追求速度,永远跟着时间的激流疲于奔命,要不时地放慢快节奏的脚步。

林语堂在《人生的盛宴》一书中写道:"能闲世人之所以忙者,方能忙世人之多闲。人莫乐于闲,非无所事事之谓也。闲则能读书,闲则能游名胜,闲则能交益友,闲则能饮酒,闲则能著书。天下之乐,孰大于是?"

可见,"慢"不是磨蹭,更不是懒惰,而是让速度的指标"撤退",这是在快速和缓慢之间找到一种可贵的平衡,找到适合每一个人的节奏。这里的

"慢"是一种内心品位，是一种生活方式，更是一种生存能力。

洛妮是某广告公司的文案策划，天天蹬着高跟鞋，一手提着公文包、一手拿着手机，挤公交车上班，坐地铁下班，奔波于喧嚣、喧闹之中。然而，她懂得慢的好处，让生活充满了品位和情趣。

甜而不腻的下午茶，是洛妮一项必不可少的节目，经常可以看到她静静地坐在办公室靠窗的位置，一杯卡布基诺、一块蓝莓蛋糕，还有一本时尚杂志。美丽适可而止，清新乍隐乍现。

尽管工作很忙，但洛妮很少周末加班。她或约上几个知心朋友品品咖啡、喝喝茶、谈谈人生、健健身，或者穿上T恤、帆布鞋等，一个人带着简单的行囊，一部相机、一个笔记本、一部手机到喜欢的城市去度假……

这份不紧不慢的生活节奏，不但带给洛妮心灵上的宁静，还令她陶冶性情、修身养性，提高了自己的生活品位和素质，她工作的灵感一次次迸发，多次得到了老板的欣赏和表扬、同事们的敬佩和羡慕。

生活不是速度的竞赛，忙碌的工作总也做不完，匆忙也不等于高效，慢生活的人能理性、冷静地对待生活，进而能将复杂之事简单化，也就能对自己的前途和命运充满信心和希望，如此也就能轻松地收获成功。

何不将生活节奏放慢，让疲惫的身心得到放松，每天早晨出来呼吸一下新鲜的空气，听一曲优美的曲子？抑或陪着家人一同坐在电视机前聊一些琐碎的家常？又或者约上几个好友一同去大自然中享受悠闲假日……

放慢生活的脚步，返璞归真，找回带着心灵散步的节奏，不因忙碌的工作浮躁了自己的心灵；不因忙碌的节奏，打乱了自己的清闲；不因忙碌的日子，错过了沿途的风景。人生多美好，成功亦自然。

抛弃"打工仔"的心态

记住,你是自己工作的主人。

"那是领导们想的问题,我何必多管闲事!"
"我为公司工作,公司给我工资,凭什么那么卖力、那么认真?"
"敬业只对老板有好处,我得不到多少好处。"
……

在实际工作中,我们不乏听到来自员工们这样的声音。这些人认为,自己工作只是在为企业、为老板、为上司干活儿,与自己没有多大的关系,把自己定位于一个"打工仔"的身份和地位上。

请警惕,这种打工仔心态是非常消极和不利的。从某种意义上来说,它限制和固化了人的思维,弱化了人的责任意识,扼杀了人的创新思维,结果会束缚自己的发展、断送自己的前程,一辈子永远是打工仔。

一位木匠给人盖了十几年的房了,他觉得自己始终是在替别人打工,便心生厌倦,决定还乡定居。老板看到他的工人要走,非常依依不舍,但任凭他怎么挽留,木匠还是去意难改。

老板请木匠为自己建造他职业生涯的最后一所房子,就算是给自己帮忙。木匠虽然答应了下来,但心想"反正我不想再做了,赶紧拿了这笔钱我就回家"。这样想着，他不仅手艺退步，而且还偷工减料，全无往日的水准。

等到房子盖好后，老板把房子的钥匙交到了木匠的手上，诚恳地说："你为我工作这么多年，房子归你了，这是我送给你的礼物。"木匠拿到钥匙的时候，后悔不已……要是当初他知道是在为自己建房子，即使披星戴月也要建出最完美的房子，而不是这样一座"烂房子"。

在工作上，很多人就是那个老木匠。每天钉一颗钉子、放一块木板、垒一面墙，但往往没有竭尽全力。每个人的表现也许有所不同，但是流露出来的心态却基本相同，那就是"打工仔心态"。那么，最终收获的就只能是一栋"烂房子"。

"我为谁工作？"如果你弄不清这个问题，就很难调整好自己的心态，也就很难尽职尽责地工作，进而也就很难做出一番事业。那么，你为谁工作呢？答案不是为企业、为老板、为上司，你为自己而工作。你的职业生涯，除了你自己之外，没有人可以掌控，这是你自己的事业。

英特尔公司的总裁安迪·葛洛夫就曾这样说过："不管你到哪里工作，都别把自己当成员工，而应该把企业看作自己开的一样，这样才能事事尽心尽责、倾力而为，才能真正成为所在企业的主人。"

这是因为，只有你无论干什么工作都当成为自己在干，才能保持积极进取的心态，才能不断燃起工作的热情和激情。最终，知识、经验、技能等大大提升了，报酬的提升就有了根本的保证。我们不妨来看看下面这样一个故事。

刘宾和赵俊是大学同班同学，两个人大学毕业后开始找工作。当时的就业形势非常严峻，普通的工作都十分难找，想找到适合自己的工作就更难了。于是，他们便降低了要求，到一家工厂去应聘。

这家工厂正在招聘仓管员，问他们愿不愿意干。刘宾略加思索后决定留下来，他认识到这份工作来之不易。赵俊对这份工作十分不屑，但由于找不到更好的工作，并且可以和刘宾在一起工作，他便决定留下来。

刘宾能吃苦耐劳，不管是刮风还是下雨，他每天都坚持提前半小时上班，延迟一小时下班，做工作也非常认真负责，好像公司是他自己开的一样。而赵俊工作时却没有什么积极性，上班时懒懒散散、敷衍了事。

一天半夜，一场暴风雨突然来临，刘宾惊醒后立即从床上爬起来，说要去看看公司的货物安不安全。赵俊劝他说："我们只是给老板打工的，你何必那么卖命。""公司虽然不是我们的，但工作是我们的。"说完，刘宾穿上衣服，拿着手电筒冲进大风大雨中，直奔仓库。他查看了一个又一个仓库窗户，并加固了仓库门。

这时候，老板也来到仓库，看着被雨淋得全身湿透了的刘宾，看着完好无损的货物，他非常感动。而刘宾平时勤勤恳恳、任劳任怨的表现也给老板留下了很好的印象，于是老板将他安排给一位高级技工当学徒。

由于刘宾有大学知识基础，加上他勤奋好学、任劳任怨，一年后他就成为一名技术熟练的技术工人，几年后他又先后成了高级技工、经理助理、部门经理，而赵俊依然做着最初的仓管员。

为公司工作的人的处境一直没有改变，而为自己工作的人却最终成为了老板。看起来很费解的问题，原因却是非常简单：打工仔和主人翁，这两种不同的工作态度决定了两种不同的命运。

你对工作的态度决定了你对人生的态度，你在工作中的表现决定了你在人生中的表现，你在工作中的成就决定了你在人生中的成就。想做打工仔，就是打工仔；想做主人翁，就是主人翁，关键在于你内心是如何想的。

不论你是刚刚迈入企业的新人，还是在职场打拼多年的老手，在对待工作的时候，请抛弃"打工者"的心态，学着做工作的主人吧。你的主人翁意识有多强，就决定了成功离你有多近。转变心态，现在开始为时不晚。

用感恩的心改变一切

感恩生活，生活就会感恩于你。

生活中，有不少人总认为工作是一件费心费力、承受压力的苦差事，抱怨自己的上司不近人情、过于苛刻，无视同事对自己的支持与付出，甚至将之视为理所当然，总之不满现实，有诸多委屈，好像别人都对不起他，因此愤愤不平。

如此一来，这些人虽有公司的栽培、上司的提携，也难以成为称职的员工。问题的关键在哪呢？工作、上司，还是同事？都不是，而是在他们自身。一个不懂得感恩的人永远都得不到重用，一个不懂得感恩的人永远都不会成功。

生活的经验告诉我们，生命的回报和付出差不多，如果我们对自己已得到的不知感恩，而是一味地抱怨自己的需求没有得到满足，摆出一张臭脸面对世界，世界也不会给我们好脸色看，自然难以获得成功。

然而，感恩是一种深刻的心理感受，可以使我们浮躁的心态得以平静下来，也使我们能够从全新的角度来看待身边的事物，进而开启神奇的力量之门，发掘出无穷的智能，进入良性循环，显现"马太效应"。

"马太效应"是美国科学史研究者罗伯特·莫顿提出的,是指强者愈强、弱者愈弱的现象,广泛应用于社会心理学、教育、金融以及科学等众多领域。对于个人来说,即如果你获得了某方面的成功,什么好事都会找到你。

的确,当你试图培养感恩的心态,感激身边的一切,你就会发现,感恩给你带来了意想不到的神奇效果。学会了感恩,你就步入了感恩的良性循环,追随感恩的指引,你将一步步走向成功。

莫里斯是美国奥美广告公司的一名设计师,有一次被公司总部安排前往日本工作。与美国轻松、自由的工作氛围相比,日本的工作环境显得更紧张、严肃和有紧迫感,这让莫里斯很不适应。

工作了一段时间后,莫里斯实在忍受不了了,便向上司抱怨:"这边简直糟透了,我就像一条放在死海里的鱼,连呼吸都困难。我想我真的不适应这边的工作环境,我要打电话给总部将我调回北京。"

上司是一位在日本工作多年的美国人,他完全能理解莫里斯的感受。"你看我现在不是很享受这里的工作吗?想知道我当初是怎么走过来的吗?告诉你吧,每天至少说40遍'我很感激'或者'谢谢你',记住,要面带微笑,发自内心。"

"我很感激"、"谢谢你",这些话再简单不过,但是莫里斯还是觉得很别扭,说不出口来,要知道"刻意地发自内心"可不是件容易的事情。不过,他最终还是说服了自己,决定试一试。

"我很感激"、"谢谢你",莫里斯开始有意识地和周围的同事们说这些话,几天下来,他居然真的觉得同事们似乎友善了许多,而且他在说"谢谢你"的时候也越来越自然,因为感激的心情已经像种子一样在他心里悄悄发芽。

逐渐地,莫里斯发现周围的同事们也有可爱的一面,工作环境并不像自己原来想象的那么糟糕。到最后，莫里斯发现在日本工作简直是一件让人愉快的事情。他很快得到了上司的赏识，获得了加薪升职的机会。

对此，莫里斯总结道："是感恩的态度改变了这一切。当我对周围人的点滴关怀都怀抱强烈的感恩之情，我竭力要回报他们，我竭力要让他们快乐。结果，我不仅工作得更加愉快，所获得的帮助也更多、工作更出色，好事都接踵而至了。"

"我很感激"、"谢谢你"，当你微笑而真诚地把这些话说出去之后，你的心情无疑是快乐而积极的。你已经在自己和别人的心里埋下了感恩的种子，而感恩是比任何物质的奖励更宝贵的一种礼物。

由此可见，感恩不仅仅是一个人的良好品质，而且是为人的基本素质，更是一个人的一种能力。拥有一颗感恩的心是成为优胜者的条件之一，常存感恩之心的人比其他人更有资格拥有一个成功的人生。

一篇名为《心灵的感激》的文章，讲述的是日本著名推销员原一平的故事。

在日本寿险业，原一平是一个声名显赫的人物，他是日本保险业连续15年全国销售业绩位居第一的"推销之神"。不过，原一平年轻时工作失利、工资微薄，仅能糊口，最穷的时候，他连坐公交车的钱都没有。

那段时间，原一平经常到公司附近的公园里散步，一位大老板见他穿着贫寒、处境窘迫，却始终面带微笑，丝毫不像一个落魄的青年，便好奇地过来问他为何在如此情况下竟能活得这么愉悦。

"我为什么不愉悦呢？我对生活中的万物充满感激之情。"原一平笑了笑，平静地回答道，"我感谢阳光赐予我温暖，我感谢小鸟陪我歌唱，我感谢微风给予我凉爽……我要感谢所有的一切。"

大老板被原一平的话语所折服，于是买了他的一份保险，就这样，原一平用感恩换来了第一份保单。紧接着，他又开始感恩客户，他不仅为客户提供了无微不至的服务，而且还时常问候、拜访对方。

原一平用真诚的感谢打动了客户，客户又陆续介绍了很多业务给原一平，他的业绩稳步上升，最终成为日本保险业务最多的推销员。不过，他时刻感谢公司的栽培，认为没有公司提供的平台就没有今日的他，因此他十分尊敬公司，晚上睡觉时，脚都不朝向公司的方向。

就是在感恩的引导下，原一平得到了上司和客户的回赠，登上了事业的高峰，成为所有人为之敬佩、最为推崇的"推销之神"。这种时时懂得感恩他人的精神，值得我们所有后来人学习和敬仰。

你再有才，也需要公司给你一个施展自己的平台；你再能干，也不可能包揽下所有工作，离不开同事的帮助和支持；你再优秀，也同样需要客户的认可和信任……从现在开始，做一个心怀感恩的人吧。

试着每天用几分钟时间，为自己目前所拥有的一切而感恩。比如：应聘的成功、加薪的快乐、上司的提拔、同事的帮助、信赖你的客户、自我成长的喜悦等，这些都是促使你走向成功的宝贵财富。

第五章 在最深的绝望里,遇见最美丽的惊喜

只要心存希望，不绝望，即使寒风凛冽，心中依然温暖如春，脚下的路也会不断向前延伸。

假如你的生命里只有一个柠檬

若只剩下一个柠檬,那就做杯柠檬水。

假如你的生命里只有一个柠檬,你会怎样?

相信不乏会有人绝望地说:"我完了,我的命运真悲惨,我命中注定只有一个柠檬。"然后,他就开始诅咒这个世界,自悲自怜,结果他只会陷入抱怨和诅咒命运的怪圈中,自卑自怜地度过一生,毫无作为。

而那些总是相信自己能的人,做法正好相反,他们会微笑着、充满希望地问自己:"从这件不幸的事情中,我可以学到什么呢?我怎样才能改变自己的命运,把这个柠檬做成一杯可口的柠檬水?"

卢卡是德国西部的一个农民,无论遇到什么事情他都没有绝望过,他的每一天都过得非常快乐,他曾经把一个有毒的"柠檬"做成了柠檬水。当然,他也因此做出了一番成就,成为当地的名人。

当时,卢卡看上了一片售价很低的农场,但是当他真正买下那片农场后才发现自己上当了,因为那块地既不能够种植庄稼和水果,也不能够养殖,能够在那片土地上生长的只有响尾蛇。

面对这样的事情,很多人都替卢卡惋惜,不过卢卡没有气急败坏,他知道愁苦也没有用,不如想想办法,把那些"坏东西"变成一种资产。很快,他就发现一条好的出路,所有的人都认为他的想法不可思议,因为他要把响尾蛇做成罐头。

之后，装着响尾蛇肉的罐头被送到全世界各地的顾客手里，他还将从响尾蛇肚中所取出来的蛇毒运送到各大药厂去做血清，而将响尾蛇皮以很高的价钱卖出去做鞋子和皮包，总之响尾蛇身上的所有东西一下子在他手上都成了不可多得的宝贝。

卢卡的生意做得越来越大，这让很多人刮目相看，卢卡也成了当地人学习的楷模。现在，每年去卢卡响尾蛇农场参观的游客差不多有上万人，这个村子现在已改名为响尾蛇村，成为了旅游景区。

买下一块不能够种植，也不能够养殖的农场，对任何一个人来说都是一件糟糕的、无可救药的事。值得庆幸的是，卢卡并没有绝望，而是对自己充满了希望，想着如何从这种不幸中脱离出来，于是真的改变了自己的命运。

这是奇迹吗？是奇迹，但也是必然。幸与不幸，其实一切都在于你面对问题时的做法。当问题出现时，你不是站在原地自怨自艾，而是努力地寻找解决的方法，你会发现，那些一直困扰着你的问题都不是问题。

我们的人生总会有不顺心的时候，很多人都会面临各种各样的困境，但只要我们能够及时地自我调整，用希望的力量为自己加油鼓气，重唤起对生活的美好向往，我们的人生就一定不会失色。

在某个偏僻的小村庄里住着一对清贫的老夫妇，他们决定把家里唯一值点儿钱的那匹马拉到集市上卖了，好换点儿有用的东西。这天一大清早，老头儿牵着马出了家门，往集市赶去。

刚到集市上，老头儿遇到了一个卖猪的商人。商人看老头儿非常老实，又很喜欢那匹马，便欺骗老头儿说自己的猪就要生猪仔了，比马值钱多了，老头儿信以为真，用这匹马和商人换了一头母猪。见老头儿这么好骗，集市上的人们都开始打他的主意了。结果，老头儿又用母猪换了一只大狗，再用大狗换了一只母鸡，最后用母鸡换了别人的一大袋烂苹果。

在回家的路上，老头儿遇到了一个人。闲聊中老头儿把自己赶集的经过详细地说了一遍。这人听后，无奈地说："你真傻，你被那些人骗了，你回家肯定会挨老婆骂。"老头儿也知道自己上当了，但是他却坚称老婆绝对不会生自己的气。

事实证明，老头儿真的是太了解自己的老婆了。老妇人看到老头儿回来后非常开心，她饶有兴致地听老头儿讲述赶集的经过，每听老头儿讲到自己用一样东西换了另一样东西的时候，她都没有丝毫抱怨，而是充满了钦佩："真好，我们可以养一窝小猪！""有狗看门也是很好的！""我们可以每天吃鸡蛋了！"

最后，当老妇人得知老头儿用母鸡换了一袋开始腐烂的苹果时，没有恼火，而是开心地说："这样也不错，今天晚上我们就能做苹果馅饼了！哈哈，我都好久没有吃过苹果馅饼了……"

在这个故事中，老妇人总是充满希望地面对人生的变化，即使最后只剩一袋烂苹果，她也能想到把它做成苹果馅饼。试想，如果我们是这个老妇人的话会怎么样呢？恐怕多数人会骂自己的丈夫是多么的没用，感到生活一下子没有了希望，糟糕透了。这正是聪明人和傻子之间的重要区别。

一个成功的拳击运动员曾说过这样一句话："拳击比赛的时候，当你的左眼被打伤时，右眼还得睁得大大的，才能够看清敌人，也才能够有机会还手。如果右眼同时闭上，那么不但右眼也要挨拳，恐怕命都难保。"

拳击比赛是这样，我们的人生也是这样，遭遇了再不顺心的事情、陷入了再糟糕的困境，我们也不应该自怨自艾、悲观失望，而是要充满希望地睁大眼睛，想着如何将自己从眼前的不幸中解脱出来。

也许我们走不出命运阴霾的底色，但在阴影里找点儿亮色还是可能的。不屈服于命运的摆布，善于运用一切可以利用的条件和命运做斗争，最终我们才有机会沐浴在明媚的阳光里，感受到生活的甜美和丰盈。

身陷枯井，也能逢生

换个角度，困境中也有希望。

下面是一个经典的小故事。

一天，一头可怜的驴子一不小心掉进一口枯井里。井虽不怎么深，但对于它来说实在是太小了，小得连身体都无法动弹。求生的欲望使它拼命挣扎，但都无济于事，它在井里凄惨地叫了好几个钟头。

农夫在井口急得团团转，绞尽脑汁想救出驴，先是用绳子拉，然后是用木棍抬，但折腾了大半天都无济于事。最后，农夫决定放弃，他想这头驴子年纪大了，不值得大费周折去把它救出来，不过无论如何，还是要把这口井填起来。

农民把所有的邻居都请来帮他填井，大家抓起铁锹，开始往井里填土……

驴子很快就意识到发生了什么事，起初，它只是在井里恐慌、痛苦地哀号着。不一会儿，令大家都很不解的是，它居然安静下来。几锹土过后，农民终于忍不住朝井下看,眼前的情景让他惊呆了。

原来,当泥土倾泻而下时驴子下意识地抖动了身体,它低头一看,蓦然间看到了生还的希望。泥土不停地朝它身上倾泻,它则不停地抖动身体,将那原本要淹没自己的泥土踩到脚下,成为不断垫高身体的地基。

农夫高兴极了,加快了往井里填土的速度。就这样,没过多久,驴子竟把自己升到了井口。它纵身跳了出来,从原本就要丧命的枯井里得以生还,然后在众人惊讶不已的表情中得意地跑开了。

人生不会风平浪静,生活不会一帆风顺,在人生的旅途中,我们难免会陷入"枯井",各式各样的困境就像是不停掉落的土叫人无法躲闪,有时候一连串地压在我们身上,而我们又能否挺过那片黑暗,又能否活着等来救援?

这时候,如果我们绝望了,恐怕就只能陷在井中无法脱困;相反,假使我们能够相信生命中的希望,豁达乐观地面对一切,就有可能将这些泥沙转变成帮助自己脱困的垫脚石,相信一份新的惊喜将会照亮我们的心。

正如我国台湾著名绘本画家几米在其著作《希望井》中说到的:"摔落深井,我开始大声地疾呼,等待救援……天黑了,我黯然低头,才猛然发现水面满是闪烁的星光。我在最深的绝望里,遇见最美丽的惊喜。"

任何事情都有两面性,用绝望的眼光看事情就会看到绝望;用希望的眼光又会看到希望。所以,当生活不如意的时候,请记住:掉落深井中,千万不能绝望,要用希望的视线捕捉生活中的点滴。

比如,事业陷入低潮时,没有了平时的豪迈、没有了一呼百应的威风时,何必手足无措?用希望的眼光看待一切,你会发现自己还有亲情的温暖、丰富的工作经验等,而且你又将会看见自己收获了乐观的性格和坚韧的品质。

董小蔓和大多数人一样会遇到工作中不顺心的事情，但无论何时，她展现给众人的始终是积极向上的精神风貌，丝毫不会让工作中不顺心的事情影响自己的心情，她的"灵丹妙药"就是用希望看待一切。

这天，辛辛苦苦做了一个星期的策划被上级否决了，而且上级在一气之下还将她开除了。工作没有了，事业低落了，董小蔓一下子有些迷茫了。周围几乎所有的人都以为她这次"站"不起来了，谁知第二天人们又看到她笑容满面地去找新工作了。

"这件事情对我的确是一个很大的打击，我承认有那么一刻我是迷茫的。"董小蔓微笑着说，"但是，待我回到家看到爱人像往常一样在厨房中忙乎着为家人做饭、烧水的场景，女儿在屋中快乐地嬉戏，一见到我回家便都兴奋地扑了上来……"

顿了顿，董小蔓继续说道："当时我就想，我还有疼我爱我的老公，还有活泼可爱的女儿，更别提我还有五年多的工作经验。我这样想的时候，我的心像被照进了阳光，所有的烦恼都悄然从心头退去了。"

生活中处处都充满了美，只要我们偶然间低下头去，就能发现别样的美丽，进而减轻困顿中的种种沉重。所以，当生活中遇到失意、工作中遇到困惑，何不先给自己一份希望，用心看看身边的美丽呢？

这时，你会看到叶的身影、花的踪迹；你会为一朵花儿盛开而惊喜，也会为一片花瓣的凋零而惋惜；你会为小小的成绩而自豪，你会为吃到一顿好吃的饭菜而幸福地笑……你会发现身边平凡而不经意的美丽。

这份美丽将照亮我们的内心，照亮我们前行的道路，一切难题也都能够迎刃而解。因此，下次跌进生活的低谷时，你就这么做，相信，你必能克服生活中的坎坷，成功之路越走越宽阔。

还心一片晴空

心怀希望，便有朗朗的晴空。

"完了，完了"，这是否是你的口头禅？

当生活中发生不如意的事情时，有些人总是习惯气急败坏、悲观绝望地认为自己"完了"，被悲观的思想所萦绕。这种做法会怎么样呢？大多时候，只会让事情越变越糟糕，自己也就真的"完了"。

因为任何事情本身并没有好坏之分，也不会给我们造成多大的影响，一切的好坏皆来自于你对事物的看法。很多时候，也就是说，事情的好与坏在于我们心里相信什么，是以绝望还是希望的心态看待，好事与坏事只是人的一念之差。

下面，我们来看一个小故事。

由于公司近期经营不景气，要准备裁员了，卡尔和杰姆斯都上了解雇名单，被通知一个月之后离职。两个人都在公司待了十多年了，之所以被裁，一是两人学历比较低，二是两人年纪较大。

在得知要被裁之后，卡尔绝望极了，逢人就大吐冤情："我完了，我在公司待了这么多年，居然不等我退休就把我开除了，我以后可怎么过啊！"仿佛自己被人陷害了似的，对谁都没有好脸色，还把气发泄在工作上，敷衍了事。

有着相同遭遇的杰姆斯也很难过，但他的态度和卡尔截然不同。在工作上，杰姆斯的想法是："没事，现在我年纪大了，没工作了正好可以好好休息休息，既然只有一个月时间了，好好珍惜吧。"于是，他更加认真负责地对待工作，而且为了给大家留个好印象，他还逢人就道别，大家反而比以前更喜欢他了。

一个月很快到了，卡尔的工作做得很糟糕，如期离职，杰姆斯却被老板留了下来，还被提拔为了助理。老板说："像杰姆斯这样忠于职守、对工作认真负责的员工，正是公司需要的、我最欣赏的，我怎么舍得他离开呢？"

人生并不是一成不变的，有好事也有坏事，那些消极的人总是提早绝望，为接下来的失败埋下伏笔；而那些积极的人则凡事多往好处想，积极行动，结果自己的人生绚丽多彩起来，为成功做好了铺垫。

日本第二大电信服务公司 KDDI 的创始人、被誉为日本"经营之圣"的稻盛和夫说过这样一句话："人生的道路都是由心来描绘的。所以，无论自己处于多么严酷的境遇之中，心头都不应为悲观的思想所萦绕。"

在现实生活中，我们应该相信希望，凡事多往好处想。凡事多往好处想，心自然会豁然开朗，心胸也将变得豁达、宽大，心中便是一片朗朗晴空，也就能够顺利地解决一切问题，时常发现生活中的美好。

库莎是一个快乐的百岁老人，她经常对别人说："人的一生不可能事事如意，已经发生的事实不可改变，你唯一能控制的就是你的想法。我可以肯定地告诉你，凡事多往好处想，任何事情都是好的。"

其中，一个人很诧异，问道：

"当您走路时突然掉进一个泥坑，弄了一身泥泞，您会认为是好事吗？"

"是的，我会高兴地想，幸亏掉进的是一个泥坑，而不是无底洞。"

"如果遭遇了车祸，撞折了一条腿呢？"

"大难不死必有后福，有什么不好呢。"

"假如您马上就要失去生命，您还会认为是好事吗？"

"当然，我会想自己高高兴兴地走完了人生之路，说不定要去参加另一个宴会呢。"

……

就这样，库莎的世界里似乎永远没有"完了"的事情，事事都如意，她每一天都生活在快乐之中。当然，这份快乐使她成为朋友圈中最受欢迎的女人，尽管她不够美丽，而且早已满头白发、皱纹横生。

由此可见，世间很多事情都是有利有弊的，但是事情本身并无所谓好坏，全在于你怎么看。相信希望，常怀有希望的心态，凡事多往好处想，你会发现事情远远没有想象的那么糟糕，再不幸的生活也可以是一片艳阳天。

俄国作家契诃夫曾经写过一篇题为《生活是美好的》文章，其中有这样一段文字："要是火柴在你的衣袋里燃烧起来了，那你应当高兴，而且要感谢上苍，多亏你的衣袋不是火药库。要是有穷亲戚到别墅来找你，你不要脸色发白，而要喜洋洋地叫道：挺好，幸亏来的不是警察……"

这样一想，你是不是觉得生活变得很好了呢？

与其绝望悲哀、愁苦自怨，倒不如换个角度，凡事多往好处想，心情自然也就会跟着转变，还可以将不幸造成的损失或带来的不良后果降到最低，甚至有可能影响事情发展的方向，改变自己的不利处境。在实际生活中，我们不妨一试。比如，年过半百的你坐公交车的时候没有人给你让位，你可以感到生气、失望，但也可以这样想："我还没有老，我还年轻。假如我老态龙钟的话，别人早就给我让座了。"于是，你心里乐滋滋的，仿佛又年轻了许多。

假如，你目前失去了工作、失去了事业，没有必要悲观绝望，你不妨想想清闲的好处：你不用再去关心工作上的烦恼和琐事，你有了更多的时间陪家人，你还可以留点儿时间做自己喜欢做的事情。

总之，凡事多往好处想，并不是提倡盲目乐观，而是一种豁达乐观、相信自己的人生态度。抱有这样心态的人往往都能把握命运的主动权，坚信自己的力量，坚信阳光总在风雨后，坚信明天会更好。

关上一扇门，还有一扇窗

当你的生命关闭了一扇门，不要困惑和绝望，而是设法走另一扇门。

人的一生中，几乎没有谁的生活是一帆风顺的。但是，很多时候，当所有的门都对你关闭的时候，上帝还为你留着一扇窗户。当你觉得自己已经一无所有的时候，其实你还拥有不少的东西，只要你相信希望。

常言说"祸兮福之所倚，福兮祸之所伏"、"人有悲欢离合，月有阴晴圆缺，此事古难全"，人生就是一个不断得而复失的过程，我们得到什么，必定要失去什么，失去了什么又必然能够得到另外一些东西。

所以，任何时候失去了什么东西，我们都无须落寞和失望，更无须痛苦和绝望。有一句话是："当上帝关上一扇门的时候，还为你留了一扇窗。"淡然接受失去，时刻心怀希望，才能够更好地得到。

　　从前，有一个国家的宰相，无论遇到什么事情，他总是觉得"一切都是最好的安排"，总是一副很淡然的样子，这让国王觉得又可笑又有些讨厌。

　　有一天，国王准备外出，突然下起了大雨，这让国王非常扫兴，但是宰相却说："虽然我们不能打猎了，不过您看大雨过后的街道被冲刷得很干净，您就可以享受清新的空气了。"国王没说什么。

　　又一次，国王化装成商人，带着一帮臣子出去游玩儿，结果却遭遇了一场大雨，被困在了城堡外。国王十分郁闷，宰相又说："虽然我们暂时不能回城堡，不过您不是正好有了微服私访、了解百姓疾苦的好机会了吗？"国王只想着游玩儿，哪里想过了解百姓的疾苦，但是被宰相这么一说，若再非要急着回去就等于不顾百姓的疾苦了，于是他强忍着一股无名火没有发作，恨极了宰相。

　　后来，国王在检查猎器时，不小心被猎器斩断了一截手指，宰相居然也认为这是上天最好的安排。国王听后终于忍无可忍，立即把他打入大牢，并以一种幸灾乐祸的嘲讽口吻问宰相："你认为这也是最好的安排吗？"没想到宰相居然说是。国王更加生气了，恼火地抚了抚袖子，扬长而去。

　　过了一段时间，国王去打猎，不小心误入森林深处，被食人族捉住了。当晚，食人族准备了柴火，支起了大锅，准备烹煮国王。但是，当食人族清洗国王身体的时候却发现国王少了截手指头，这在族内是大忌，因为他们认为肢体不完整的人是不祥之物，于是他们烹煮了国王的侍从，并用特有的仪式把国王送出了森林。

　　劫后余生的国王回国后做的第一件事情就是去牢里拜见宰相，他激动地说："断了指头果真是一件好事情。"宰相笑了笑，回答："您把我关到大牢里也是好事，如果我不在牢里而是陪同您去打猎的话，那么完整的我必死无疑啊！"

国王终于顿悟……

这位宰相的眼界和境界非同一般，面对已经发生了的任何事情，他都能够心怀希望，认为"一切都是最好的安排"，故能够不急不躁、平静接受，坦然取之，又坦然舍之，这种心态值得每一个人学习。

失去了生活的轰轰烈烈，就享有平平淡淡的幸福；放弃了急流险滩，才能拥有温馨港湾。上帝在关闭一扇门时，还为我们留了一扇窗。既然如此，面对各种突发和意外事件，我们又何必患得患失、悲观绝望呢？

相信生命中的希望，用充满希望的目光看待周围的一切事情吧，无论这些事情有多么糟糕。只有这样，我们的心态才能积极起来，意志才能趋于成熟，性格才能得以完善，品质才能得以升华，人生也就会变得有滋有味、丰富多彩。

下面是一个真实的例子。

自从得知自己将要参加最危险的海军陆战队后，莱科每天都忧心忡忡。

这时，爸爸决定和莱科聊聊天。他对莱科说："孩子，其实你没必要这么忧心忡忡的。到了海军陆战队，你或者是留在内勤部门，或者是分到外勤部门。如果你分到了内勤部门，就完全用不着去担惊受怕了，那些工作都是很轻松的。"

爸爸的话并没有让莱科放松，他说："爸爸，去哪个部门也不能由我自己选啊！要是我被分配到了外勤部门呢？不仅需要出去作战，而且所面对的各种环境也是非常恶劣的。"

爸爸笑着说:"那也没关系,即使去了外勤部门,你还是有两个选择,一个是留在美国本土,另一个是分配到国外的基地。如果你被分配到美国本土,这跟待在家里没有什么分别,又有什么好担心的呢!"

"那要是我去了国外呢?"莱科继续问道。

"这样啊,那你还是有两个机会。第一个是被分配到和平而友善的国家;第二个是被分配到不和平、不友善的地区。如果是前者,那么爆发战争的几率是很小的,约等于零,你就什么事情都不会有。"

莱科着急地说:"可是,我要是真的去战争地区了呢?那我不就完蛋了吗?"

"这怎么可能?如果你留在总部,而不是上前线,那么也不会有事。"

"那我要是上前线了,这该怎么办?假设我还受了伤,那我以后该怎么生活?"

"受伤也分程度的。也许你只是轻伤,根本无碍的。"

莱科还是不满意,说:"那要是不幸身负重伤呢?"

"那很简单,要么保全性命,要么救治无效。如果还能保全性命,还担心什么呢?"

莱科最后问道:"天啊,要是救治无效,那我该怎么办啊!"

爸爸听完,大笑着说:"这更简单了。你人都死了,还有什么可担心的呢?更何况,如果你真的死了,你就是国家的英雄,很多人会赞扬你、崇拜你。要知道,这样的荣誉不是每个人都有幸拥有的。"

莱科听后豁然开朗,充满信心和希望地参加了海军陆战队。他先被分配到了外勤部门,然后又被分配到了战争地区,还成为前线的一名先锋……面对组织的这些安排时,莱科相信后面有好的事情,于是欣然接受。

结果,在这种积极心态的引导下,莱科作战英勇、屡建战功,获得了一等兵的荣誉。在作战过程中,他先后受过几次伤,不过并无大碍。鉴于优秀的表现,现在莱科已经被提拔为重点军校的一名军官。

与爸爸相比，莱科的生存智慧显然还有很大差距。莱科的爸爸始终明白这样一个道理：无论人生面临什么样的际遇，在失去的同时都会得到一些东西，所以不要困惑、不要挣扎、不要绝望，而是设法走另一扇门。

总之，当上帝关上一扇门的时候，还为你留了一扇窗，当一扇门关上时就走另一扇窗。好事也好，坏事也罢，这就是我们的生活，都是我们必须的担当，都是一笔宝贵的财富，都有助于我们更好地成功。

因此，当一扇门关上时，聪明的你会怎么做呢？

永远不要让情绪控制你

用内心最坚韧的力量，克服最坏最糟糕的情绪。

美国密歇根大学心理学家南迪·内森的一项研究发现，一般人的一生平均有3/10的时间处于情绪不佳的状态，表现为暴躁、悲观以及绝望等，因此，我们不可避免地要面临坏情绪的"来访"，与坏情绪相处。

这时候，如果我们沉不住气，一点就着，就会让自己陷入冲动鲁莽、缺乏理智的被动局面中，那样就会方寸大乱、满盘皆输。到时候，只会换来更加暴躁、悲观以及绝望等坏情绪，得不偿失，可悲可叹。

曾经听过这样一个故事。

有两个旅行者结伴着穿越沙漠。行至半途，水喝完了，其中一人因中暑而不能行动。中暑者的同伴递给他一支手枪，说："你每隔两小时鸣放一枪，我找到水后枪声会指引我与你会合。"于是，同伴步履蹒跚地找水去了。

茫茫的沙漠里空无一人，中暑者只能听到自己的心跳声。这样的安静实在是可怕，他的心不禁浮躁了，开始胡思乱想起来："同伴能找到水吗？他会不会走到半路就躺下了；又或者他是不是丢下我独自离去呢……"

这样想着的时候，中暑者仿佛真的看到同伴倒在了沙漠中，再也起不来了；一会儿，他的脑海中又出现了一幅朋友走出沙漠与家人团聚的欢乐场面，他的心中满是仇恨，他感到气恼极了、绝望极了，甚至忘记了朋友嘱咐过的话。

夜幕降临的时候，同伴还没有回来，中暑者彻底崩溃了，他再也无法忍受内心波涛汹涌的情绪，于是用手枪结束了自己的性命。枪响后不久，同伴提着满壶的清水蹒跚地赶来，却只找到了中暑者温热的尸体。

故事中的那位中暑者是被沙漠的恶劣气候所吞没的吗？是被同伴置之不顾了吗？不是，他是被自己的情绪打败的。他不能管理好自己的情绪，任由坏情绪泛滥成灾、主宰自己，结果只能被情绪所伤害。

美国作家罗伯·怀特说："任何时候，一个人都不应该做自己情绪的奴隶，不应该使一切行动都受制于自己的情绪，而应该反过来控制情绪。无论境况多么糟糕，你都应该努力支配你的环境，把自己从黑暗中拯救出来。"

的确，成功的秘诀就在于懂得怎样控制坏情绪，而不为坏情绪所控制。那些情感强烈却依然平和的人；那些虽然极度敏感，但在被挑衅时却依然能控制自己并原谅他人的人才是真正的强者，他们才是精神上的英雄。

值得庆幸的是，情绪是可以管理的。情绪管理就是通过对自身情绪的认识、协调、引导和控制，对生活中矛盾和事件引起的绝望情绪进行适可而止地排解，从而确保内心充满希望的力量。

你可曾见过这样的一个人，虽然遭到了公然的冒犯，但他只是脸色稍微发白，平静地做出回复？你可曾见过这样的一个人，虽然痛苦万分，但却依然可以控制自己，犹如用坚硬的岩石雕刻出来的雕像一样平静？这就是力量。

在我们的人生旅途中，每个人都难免会遇到这样或那样不顺心的事情，但此时千万要给情绪装个"安全阀"，控制好自己的情绪，切不可被绝望情绪所萦绕。如果能做到这点，你就能掌握自己的人生，让人生之路越走越宽。

"二战"期间，各国间谍机构活动频繁，以便在战场上掌握主动权。与此同时，反间谍机构也都在保持着高度的警惕，积极地活动着。而作为特殊职业的间谍必须表现出很强的情绪自制能力，只要一刻不警惕、不小心，他们就可能因此送命。

法国反间谍军官准备审讯一位自称是比利时北部的"流浪汉"，尽管此人蓬头垢面、衣衫褴褛、面色憔悴，看上去好像有几天没吃饱饭了。但是，经验丰富的军官凭直觉认为，他是德国纳粹间谍。事实上，"流浪汉"也的确是一位间谍。

被对手抓住，而且被怀疑身份，这是一件令人深陷绝望的事情，但这位"流浪汉"丝毫没有表现出一点儿绝望的心情，他脸上的表情非常平静，静静地等待着审问，心平气和地回答军官提出的每一个问题。

后来，军官决定用简单的数数考验一下他。因为其中有几个数字，德国人的发音和法国人有些不同，他提问："你会数数吗？""流浪汉"不假思索地开始用法语数数，甚至在德国人容易说漏嘴的地方也说得极其熟练，没有露出一丝破绽。数完后，他还冲着军官憨厚地笑了笑。军官挠了挠头皮，将手一挥，让属下将"流浪汉"押回了小屋。

片刻，有人在小屋外燃起了火堆，人群嚷嚷起来。哨兵用德语高声呼唤："着火了！着火了！"而"流浪汉"仿佛听不懂哨兵说的德语，继续蒙头大睡。实际上，这是军官采取的计谋，因为如果"流浪汉"有所行动的话，就代表他听懂了德语，他是德国人，而非法国人。

"长官，我们是不是太过多疑了。"属下对军官说。军官也开始怀疑自己的判断，不过他还想最后再试一试，如果这一次也失算的话就放"流浪汉"走。于是，他让属下将"流浪汉"又押进了审讯室。

军官认真地看了"流浪汉"一会儿，突然说道："好啦，你没问题，可以走了，你自由了。"不过，他这句话是用德语说的。紧接着，他眼睛紧紧地盯着"流浪汉"，"流浪汉"显得出奇的稳重、平静。

事实上，"流浪汉"听懂了这句话，最严酷的考验已经过去了，他心里一阵狂喜，但是他知道一旦自己表现出喜悦来，德国间谍的真实身份岂不暴露无遗了吗？因此，他努力克制情绪，没有显示出一丝听懂那句话的迹象。

最后，军官无奈地放了"流浪汉"，他摇摇头说："他要么是个真正的法国农民，要么是一个装得天衣无缝的间谍。如果是后者的话，他的情绪控制力太强了，丝毫没有给我们机会，毫无疑问，我们有一个无比强大的敌人。"

这个间谍所具备的完美的情绪自制能力，将他从绝望的情绪中拯救了出来，也保全了自己的性命。一个人的改变与成熟不仅限于生理和外表，更重要的是心理上的茁壮。给情绪装个"安全阀"，力争做精神上的英雄，我们就能成为人生中的主人。

赫胥黎曾写下过这样的话："我希望见到这样的人，他年轻的时候接受过很好的训练，非凡的意志力成为他身体的真正主人，应意志力的要求，他的身体乐意尽其所能去做任何事情。他头脑明智、逻辑清晰，他身体的机能和力量就如同机器一样，根据其精神的命令准备随时接受任何工作，无论是编织蛛网这样的细活儿还是铸造铁锚这样的体力活儿。"

造物主赋予了我们每个人一股希望的力量，这股力量足以克服最坏最糟糕的情绪，足以对抗我们最邪恶的品性。只要我们能够时刻相信人生的希望，运用希望的力量，并且一直保持下去，就给了我们很大的益处。

不忧明天，不惧未来

用来自心灵的超然宁静，来寻找明天的阳光。

现实生活中，总有这样的一些人，他们会情不自禁地为明天各种各样的事务所忧虑不安，一连串的思绪在大脑中东飘西荡：明天早上能够准时醒来吗？明天生了重病怎么办？明天的粮食会不会涨价？明天遭遇意外怎么办……

结果呢？这个世界上有太多的事情是无法提前预知的，这样的忧虑不仅不能改变明天的状况，还会使自己时常感到压力重重，生活好似被绝望充斥，没有了一点儿希望，走得步履艰难，活得既辛苦又乏味。

一个人最大的破产是绝望，最大的资产是希望。相信希望，不必预知明天的烦恼，只需珍惜今天的每一寸光阴，充满希望地做好今天的事情，就是应对明天的最好法宝。这正如《圣经》里的那句话："不要为明天忧虑，明天自有明天的忧虑，一天的难处一天当就够了！"

有这样一个故事。

有位小和尚，每天早上的主要任务就是清扫寺庙中的落叶。

清晨起床扫落叶是一件极为辛苦的差事，尤其在每年的秋冬之际，只要一起风，树叶就会随风飞舞落下。这样，小和尚每天都需要将大部分的时间花在清扫落叶上，这令他头痛不已、愁眉不展。

后来，一位老和尚问清原因后，告诉小和尚："想省些力还不简单，只要在明天打扫之前先用力摇树，尽可能地把更多的树叶摇下来，后天就可以不用那么辛苦，花费那么多精力去打扫落叶了。"

小和尚觉是这真是个好办法，于是第二天就起了个大早，按照老和尚的方法使劲地用力摇树，他心里想着这样就可以将今天与明天的落叶一次性都给清扫干净了，所以，他一整天都极为开心。

第二天早晨，小和尚起床后推开门，不禁呆住了：昨天扫得很干净的院子里，仍然一如往昔地落叶满地，今天，他还是要扫落叶。

这时候，老和尚走了过来，摸摸小和尚的脑袋，意味深长地说："傻孩子，不管你今天用多大的力气，明天的落叶还是会照样飘下来呀。明天的忧虑明天再想，让自己稍微轻松一些吧。"

有一句话说："怀着忧愁上床，就是背负着包袱睡觉。"相信希望，不要预知明天的烦恼，所谓"车到山前必有路，船到桥头自然直"。不管再大的风浪，总会过去；再大的烦恼，总会有解决的办法。

更何况，想象出来的烦恼比实际发生的更可怕，但它们也许只存在于自我的想象中，并不会真的出现。在一篇名为《99%的烦恼其实不会发生》的文章中，"二战"战士、美国作家布莱克伍德就有过一段这样的经历。

布莱克伍德的生活几乎是一帆风顺的，即使遇到一些烦心事，他也能从容不迫地应付。但是，1943年夏天，因为战争的到来，世界上绝大多数的烦恼几乎在一时间都降临到他的身上，令他苦不堪言。

他所办的商业学校因大多数男生都应征入伍而出现了严重的财政危机；他的大儿子也在军中服役，生死未卜；他的女儿马上就要高中毕业了，上大学需要一大笔学费；他的家乡一带要修建机场，土地房产基本上属无偿征收，赔偿费只有市价的1/10……

一天下午，布莱克伍德坐在办公室里为这些事烦恼，他把这些担忧一条条地写下来，冥思苦想，却束手无策，最后只好把这张纸条放进抽屉。

一年半之后的一天，在整理资料时，布莱克伍德无意中发现了这张已经不记得自己写过的便条，而且这些担忧没有一项真正发生过。他担心他的商业学校无法办下去，但是政府却拨款训练退役军人，他的学校很快便招满了学生；他的儿子毫发无损地回来了；在女儿将入大学之前，他找到了一份兼职稽查工作，帮助她筹足了学费；住房附近发现了油田，他的房子也不再被征收……

最后，布莱克伍德得出了一个结论："我以前也听人们谈起过，世界上绝大部分的烦恼都不会发生。对此我一直不太相信，直到我在看到自己这张烦恼单时，我才完全信服。为了根本不会发生的情况饱受煎熬，真是人生的一大悲哀。"后来他根据此事，写成了《99%的烦恼其实不会发生》这本书。

由此可见，今天有今天的事情，明天有明天的烦恼，很多事无法提前预知。相信生命中的希望，不要想太多有关明天和未来的事，不必预知明天的烦恼，不要被明天的烦恼羁绊，不要把全世界的重担都压在自己肩膀上。

你不妨告诉自己："现在我不去想这些烦恼的事情，等明天再说，毕竟明天又是新的一天，而且我怎么知道我所担心的事情就真的会发生？"由此，你便能心怀希望，抱持一颗超脱自由的心奔向成功。

用微笑承受一切不幸和痛苦

用微笑将痛苦埋葬，才能看到希望的阳光。

人，不能陷在痛苦的泥潭里不能自拔。

遇到可能改变的现实，我们要向最好处努力。

遇到不可能改变的现实，不管让人多么痛苦不堪，我们都要勇敢地面对。

用微笑把痛苦埋葬，才能看到希望的阳光。

有时候，生比死需要更大的勇气与魄力。

这段话摘自颇有影响力的作家伊丽莎白·康黎所著的《用微笑把痛苦埋葬》一书。伊丽莎白·康黎曾经是一个在生活中绝望过的女人，不过，后来她相信生命中的希望，用希望代替了绝望，用微笑将痛苦埋葬，走过了艰难岁月，撑起了一片朗朗晴空，让我们一起来看看她的故事吧。

"二战"期间，在庆祝盟军了北非获胜的那一天，家住美国俄勒冈州波特南的伊丽莎白·康黎女士收到了国防部的一份电报：她的儿子在战场上牺牲了。那是她唯一的儿子，也是她唯一的亲人，那是她的全部希望啊。

伊丽莎白·康黎无法接受这个突如其来的严酷事实，她的精神到了崩溃的边缘。她痛不欲生、心生绝望，觉得人生再也没有什么意义，于是她决定放弃工作，远离家乡，然后找一个无人的地方默默地了此余生。

在清理行装的时候，伊丽莎白·康黎忽然发现了一封几年前的信，那是儿子在到达前线后写给她的。信上写道："请妈妈放心，我永远不会忘记您对我的教导，无论在哪里，也无论遇到什么样的灾难，我都会勇敢地面对生活，像真正的男子汉那样，能够用微笑承受一切不幸和痛苦。我永远以您为榜样，永远记着您的微笑。"

顿时，伊丽莎白·康黎热泪盈眶，她把这封信读了一遍又一遍，似乎看到儿子就在自己的身边，用那双炽热的眼睛望着她，关切地问："亲爱的妈妈，您为什么不按照您教导我的那样去做呢？"

"告别痛苦的手只能由自己来挥动，我应该像儿子所说的那样，用微笑埋葬痛苦，继续顽强地生活下去。我没有起死回生的魔力改变现实，但我有能力继续生活下去。"伊丽莎白·康黎一再对自己这样说，并打消了背井离乡的念头。后来，她打起精神开始写作，以《用微笑把痛苦埋葬》一书闻名。

"用微笑将痛苦埋葬，才能看到希望的阳光。"伊丽莎白·康黎说得多好啊。这需要多大的勇气和魄力才能将残酷的现实掩埋，伊丽莎白·康黎做到了。她的坚强与勇敢、豁达和乐观深深打动了每一个人。

的确，人生不如意之事十有八九，每个人都有痛苦的时候，整天哭丧着个脸，甚至天天悲痛万分，以泪洗面，又有什么用处呢？不仅浪费时间和精力，而且于事无补。不如相信希望，学着微笑吧。

如果你对生活微笑，那么痛苦就会被埋葬，绝望就会被希望所代替，快乐便成为你生活中永恒的格调，你的生命便会充满希望和力量，你的生活也将充满无限的美好，进而加大成功的筹码。

美国有一位哲学家曾经说过："微笑对于一切痛苦都有着超然的力量，甚至能改变人的一生。"这句话一点儿也没错，生命的意义与目的也在于无限地追求快乐和避免痛苦。微笑是一种心态，心态得益于修养；微笑是一种境界，境界的实现依靠的是磨炼。

寒梅无法选择季节，但却傲视冰霜；秋菊无法选择时令，却代秋天发言；人无法选择无痛的命运，那就学会微笑吧。用微笑将残酷的世界、一切的痛苦埋葬起来，这是一笑而过的气魄和勇气，是一种难得的镇静与豁达。

时光匆匆，汶川大地震已经过去了三年多的时间，那位感动无数国人的"地震中最美微笑"的女孩唐沁，目前就读于北京师范大学附小板房学校，她的笑容还是那么甜美，眼睛还是那么有灵气。

地震发生时，唐沁和几名排练舞蹈的同学从三楼慌忙往下跑，没跑多远，楼房垮塌，预制板残骸将她埋在了乱石堆里，她的左脚钻心地痛。几分钟后，一个老爷爷发现了唐沁，"小朋友，不要动，爷爷去拿工具来救你。你要坚强，要等着我回来。"

唐沁没有说话，只是对这位好心的爷爷笑了笑。被救出来的时候，唐沁的左腿已经断了，疼得直咬牙。唐沁的妈妈吓得哭了，反倒是唐沁一个劲儿地对妈妈笑："妈妈别哭，你看我这不是很好吗？"

接着，唐沁被转送到广汉的医院治疗。在医院的日子里，她屡屡听到同班同学不幸遇难的消息，但是她总是强忍着内心的伤痛，用微笑去面对一切，无论是打针、输液、换药，她的微笑也被一个志愿者拍下，成为"地震中最美微笑"。

从医院回家后，唐沁刚开始只能坐轮椅，但是只要一有空，她就丢掉拐杖，练习走路，期间不知摔了多少次。每次痛得眼泪直打转，她还是强忍了下来。她的努力与执着得到了回报，她终于能够行走了。

面对记者的采访，谈起自己未来的理想，唐沁微笑着说："我也有困惑、伤感，也有笑不出的时候，但是我爱微笑。我的梦想是成为一名空姐，因为空姐无论遇上什么意外，她们总是能以甜甜的微笑面对。"

尽管遭遇了巨大的痛苦，但唐沁没有沉溺于腿部受伤、同学以及同胞们离世的悲痛之中，更没有绝望地面对生活，而是重新拾起欢笑，勇敢地投入新生活的怀抱，这是多么坚强的一个女孩子啊。

痛苦是我们人生路途中不能逃脱的部分，就像天总会下雨一样。然而，比起伊丽莎白·康黎和唐沁来，我们所遇到的难道不算是小痛吗？看到她们都能用充满阳光的微笑去面对，我们还能说什么呢？

所以，当你觉得痛苦时，你不妨像伊丽莎白·康黎一样对自己说："告别痛苦的手只能由自己来挥动。我应该用微笑埋葬痛苦，继续顽强地生活下去，我没有起死回生的能力来改变它，但我有能力继续生活下去……"

的确，生活中不如意的事情很多，一个人遭受不幸在所难免，但不管现实让人多么痛苦不堪，我们都不能陷在痛苦的泥潭里不能自拔，而是应该相信希望，勇敢、坦然地面对，保持一份微笑，用微笑埋葬痛苦。

以开朗的微笑面对每一秒钟，绝对比绝望而不积极地去解决问题有成就感，而且比绝望更令人自信。如此一来，你会惊喜地发现，心中不愉快或不自然的感觉都消失了，世界的大门为你敞开了，原来生活如此美好。

第六章 一种悲剧,是另一种美丽的开始

每一种悲剧的降临,都是一种美丽的幸福的开始。而这唯一需要的,是来自心底的相信的力量。

即使不幸,也不要悲伤

遇到不幸,心要转弯。

在这个世界上,没有任何一个人能够永远一帆风顺,有时候,人生中的各种不幸之事总会与我们不期而遇。此时,我们没有必要情绪低落,不妨学学阿Q精神,或许就能够柳暗花明又一村。

阿Q是鲁迅先生于1921年在《晨报》副刊上发表的中篇小说《阿Q正传》的主人公,无论遇到多么不顺心的事儿,他总是有理由自己安慰自己。与人家打架吃了亏,他心里就想:"我总算被儿子打了,现在世界真不像样,儿子居然打起老子来了。"当他被拉去杀头时,他便觉得人生天地之间,大约本来也未免要被杀头的……这样,阿Q"永远是得意的"。

在这里,阿Q所使用的安慰法称为阿Q精神,也就是心理学上的自我解嘲。所谓自我解嘲,是指用言语或行动不失幽默地拿自己的失误、不足乃至生理缺陷来"开涮",将其夸大、剖析,再巧妙地引申发挥、自圆其说,然后一笑置之。

在旁人眼里,刘俊珊是一个幸福的女人,她有一个年轻有为的丈夫、一个活泼可爱的女儿。但是,令人没有想到的是,七年的婚姻却因为丈夫经不起婚外情的诱惑,说解体就解体了。

刚离婚后，刘俊珊整天躲在家里悲戚，晚上流泪失眠，白天萎靡不振，成天都似大祸临头一般。直到有一天照镜子的时候，她发现自己的眼角居然出现了细纹，头顶竟有少许的黑发变白了。刘俊珊痛下决心，一定要改变自己。

她在一本日记本上，写下了这样的文字：

现在好了，我已没有管理你的义务和责任。我不再操心你的臭袜子，不再告诉你酒后驾车的种种可能，更不会在晚饭后打电话催你早回……我的"多语症"突然不治而愈，面部表情充满阳光。

现在好了，我不再问你最想吃什么，不再问你喜欢我穿什么，不用浪费难得的假日等你回家团聚，我有了更多的逛街机会，我想吃什么就做什么，想去做什么就做什么，我会带着女儿去公园坐坐，去书店看书，去郊外爬山行走于田间，我们多自由自在！

现在好了，我睡觉的时间多了，你晚上不在家的时候，我不用在床上胡思乱想你晚饭后去了哪里逍遥，不用担心你找不到钥匙而进不了家门，而等着你夜归，甚至硬是挺到半夜，把自己整得面色憔悴。

……

离婚没有什么不好，这不是悲剧，而是另一种美丽的开始，我重新审视自己的价值，重新塑造自我，这像凤凰涅槃一样在欲火后获得重生。哼，多亏离婚了，要不然我什么时候才能享受到这种美好的生活呢？

一夜之间，昔日的恩爱夫妻变成了形同陌路的路人，任谁都无法坦然地接受，但刘俊珊却像阿Q那样说"离婚没有什么不好"，她这是跳出了灾难来自我嘲讽，但我们不得不说，这实际上就是战胜了悲剧。

在人生道路上，尤其是在社交场合中，我们要想让成功具有连贯性，就应像阿Q那样不断地调整心理，学着主动避开那些意外之事。倘若你能做到这一点，那么就可以比较容易地在忧患中看到机会，也就更容易取得成功。

遇到不幸的时候，多学学"阿Q精神"，既能抚平心灵的创伤，又能在尴尬中自找台阶下，还能够向众人展示自己潇洒自信的做事态度，从而能够更加积极地面对困境，战胜困难和灾难，重获新生。

当然，"阿Q精神"只能作为自己人生"短暂的策略"、临时摆脱不良心境的"权宜之计"、摆脱一时困境的"不得已而为之的方法"，该前进时还得前进，该说理时还得说理，否则就成了自欺欺人。

幸运，只是多看了一眼

幸运也好，忧患也罢，都不可漫不经心。

幸运之神是一个美丽而性情古怪的"天使"，她会骤然降临在我们身边。她的高傲迫使所有的人必须对她保有足够积极的尊敬，若是我们稍有冷淡，她便悄然而去，不管我们怎样扼腕叹息，她也不再复返。

那么，我们要如何做才能赢得幸运之神的关注和眷顾，进而在成功的道路上有所建树呢？答案是：学会相信自己，执着地追寻成功的机会，即使是深陷忧患之中也要追寻，哪怕这个机会只有万分之一。

瑞士发明家乔治·德·曼斯塔尔一直想发明一种能够轻易扣住又能方便脱开的尼龙扣，但是几经试验，都没有显著的成果。直到有一天，他去郊外打猎经过一片牛芳草地时，发现自己的毛料裤上粘了许多刺果。

曼斯塔尔并没有立即摘除毛料裤上的刺果，他盯着刺果看了半天，回到家里立即用显微镜仔细观察刺果，进而发现刺果上有千百个细小的钩刺勾住了毛呢料子，这使他顿时得到了灵感：用刺果是不是可以做扣件呢？

受此启发，曼斯塔尔发明了以一丛细小的钩子啮合另一丛小圈环的新型扣件——凡尔克罗，这是一种能轻易扣住的尼龙扣，同时，脱开时又非常方便，而且不易生锈、小巧轻便，还可以用水洗。

从此以后，这种尼龙扣广泛应用于包括服装、窗帘、椅套、医疗器材、飞机和汽车制造业在内的各个领域，曼斯塔尔因此获得了接连不断的美誉，无论是在物质生活上还是精神理想上，都成就了他一生的辉煌。

牛芳草具有钩附外物的特点，这是大自然赋予它的能力。但是太多的人对这种现象视而不见，唯独被认真的曼斯塔尔发现，并利用其造福人类，就是因为曼斯塔尔在显微镜下"多看了一眼"。

在生活中，机会的把握在很大程度上可以决定我们是否有所建树。而机会为人们提供的有关线索，有的明显，有的隐蔽；有的真实，有的虚假；有的似是而非，有的似非而是。如果我们不对它们认真地逐一审视和筛选，就可能把有价值的线索漏掉，也就难以及时发现和抓住机会。

所以，幸运也好，忧患也罢，我们切不可抱着漫不经心的态度，一定要善于发现机会，抓住每一个成功的机会，要重视那些看起来很普通的机会，更要重视忧患中的机会，并努力将它变为成功。青霉素的发明就是一个很好的典型。

自伦敦大学圣玛丽医学院毕业后，英国医学家亚历山大·弗莱明便把细菌学研究当成了他事业的全部，加紧了细菌的研究工作，他的研究对象是能置人于死地的葡萄球菌，为此他需要经常培养细菌。

1928年的一天，弗莱明将一个葡萄球菌培养基放在试验台上阳光照不到的位置，就出去了。结果回来后，他发现由于盖子没有盖好，靠近封口的葡萄球菌被溶化成露水一样的液体，而且显示为惨白色。在所有细菌培养基中，封口必须要求是封闭的，看来这次实验又失败了，弗莱明有些苦恼。

弗莱明刚想把这个"坏掉"的培养基扔掉，但是他又看了看，心想："这是什么物质呢？一定是有一种奇特的东西把毒性强烈的葡萄球菌制伏了、消灭了。"于是，他对封口的泥土进行了化验和提炼，加倍仔细地观察、分析。终于，一种能够消灭病菌的药剂——青霉素被发现了。

发现了青霉素后，弗莱明于次年6月发表了论文，从此，人类医疗事业翻开了新的一页，弗莱明也因此在全世界赢得了25个名誉学位、15个城市的荣誉市民称号以及其他一百四十多项荣誉，其中包括诺贝尔医学奖。

巴尔扎克说过这样一句话："机缘的变化极其迅速，显赫的声名总是由无数的机缘凑成的。"这并不是说幸运的机缘有多么吝啬，而是要我们善于发现机缘。这种善于便是比他人再"多看一眼"，不放过任何一个可能。

总之，很多忧患中蕴藏着重要价值，但是这不是能够一眼望穿的。我们必须相信忧患中隐藏着各种机会，并善于从各个角度多加观察，往往多看一眼之后，也许就有了新的转机，我们也就把握住了机遇。

换个角度，柳暗花明

转换一种思维方法，问题便可迎刃而解，生活也会出现新的转机。

人总是要与问题为伍的。从呱呱坠地到盖棺论定，从衣食住行到定国安邦，从平民百姓到公子王孙，每一个人都会遇到各种各样、大大小小的生活难题。活着，就是不断地处理问题，而这些问题经常将我们置于忧患之中，令人手足无措。

这个时候，如果我们总是经年累月地按照一种既定的模式生活、惯用常规的思维方式的话，会很容易陷入旧的思维模式的无形框框中，在问题面前无所作为，甚至碰得头破血流，自然也就不可能取得多大的成功。

一位心理学家曾经说过："只会使用锤子的人，总是把一切问题都看成是钉子。"就好像卓别林主演的《摩登时代》里的主人公一样，由于他的工作是一天到晚拧螺丝帽，所以一切和螺丝帽相像的东西，他都会不由自主地用扳手去拧。

科学家们曾经进行了这样一项实验。

他们将六只蜜蜂和六只苍蝇分别装在两个一模一样的玻璃瓶中，然后将瓶子平放，瓶底朝着窗户。实验结果是：几分钟后，蜜蜂们或累死或饿死；而苍蝇们则穿过另一端的瓶颈全部逃跑。

这是为什么呢？原来，蜜蜂喜爱光亮，它们以为出口必然在光线最明亮的地方，于是就不停地想在较亮的瓶底上找到出口，不停地重复着这种合乎逻辑的行动，直到力竭身亡。而那些头脑简单、对事物的逻辑关系毫不留意的苍蝇们全然不顾亮光的吸引，四下乱飞，结果误打误撞地找到了瓶子的出口，获得了自由和新生。

这个实验告诉我们一个道理：有些事情看似难于上青天，令人手足无措，但只要我们高瞻远瞩，能够尽快摒弃以往的工作经验和思维模式，转换一种思维方法，问题便可迎刃而解，生活便会出现新的转机。

在面对各种难以解决的问题时，我们要相信在忧患中隐藏着机会。这就需要我们不要总在想着如何正面地克服障碍、解决问题，而是让思维在一定时间内适当地转换一下角度，从侧面创造性地思考问题，进而获得柳暗花明的改变，正如我国古代的军事圣书《孙子兵法》所云："先知迂直之计者胜。"

尤其在竞争激烈的现代社会，成功不是靠硬拼取得的，而是创造性思维的结果。每个人都渴望成功，但唯有在充分认识当前局势的基础上高瞻远瞩，打破常规思维，才能使生活出现新转机，可谓是"运筹于帷幄之中，决胜于千里之外"。

鉴于孩子们都喜欢那些漂亮、可爱的玩具，美国艾士隆公司一直专注于生产芭比洋娃娃，还有小熊、小狗等毛茸玩具，但是市场上生产玩具的厂家太多了，美国艾士隆公司陷入了疲软的经济状态。

这天，董事长布希耐非常心烦意乱，便驾车到郊外散步。在街头，他看到几个孩子在不亦乐乎地玩儿一只肮脏而且异常丑陋的昆虫。敏感的布希耐意识到，美观的玩具固然能吸引一定的消费者，但是现在是不是应该反其而行之呢？

　　布希耐机敏的头脑产生一股灵感，他立即部署公司产品设计人员研制了一套"丑陋玩具"，例如外表狰狞的"病球"、"粗鲁陋夫"，臭得令人作呕的"臭死人"、"狗味"、"呕吐人"等，并迅速推向市场。出乎人们预料的是，这些玩具大受儿童的欢迎，并引发美国掀起了行销"丑陋玩具"的热潮，艾士隆公司也获得了丰厚的利润。

　　艾士隆公司之所以能够取得成功，正是因为布希耐摆脱束缚思维的固有模式，敏锐地捕捉到了孩子们喜欢"丑"玩具这个有创造价值的信息。如果他坚持研发漂亮的玩具，公司怎能走出困境，又谈何赢利、谈何成功？

　　这个故事又一次验证了一个道理：我们常常因人生陷于忧患之中而抱怨不已，除了竭尽全力想打开锁住前方大门的锁外，从来没有想过换一种方法，比如可以绕行、爬墙，甚至想办法把锁撬开，只要不受沉疴思维的摆布。

　　换一下角度，发挥创新思维，在迈出困境的同时，也许就获得了柳暗花明的改变，那时你会觉得原来一切都没有想象的那么难。什么难题在你这里都不是问题，人生如此，该是何等的洒脱、何等的惬意。

推开成功那扇虚掩的门

成功看似很难，但实际上它是一扇等待开启的门。

这是一个真实的故事。

有这样一家公司，每当新员工来公司上班的第一天，总经理都会说这样一句话："谁也不要走进八楼那个没挂门牌的房间。"尽管大家都想知道为什么，但他们都牢牢记住领导的吩咐，谁也不去那个房间。

一个月后，公司又招聘了一批年轻人，同样的话，总经理又向新员工重复了一遍。这时，有个年轻人在下面小声嘀咕了一句："为什么？"

总经理满脸严肃地看了他一眼，回答："不为什么。"

年轻人回到自己的岗位，脑子里还在不停地闪现着那个神秘的房间：又不是公司部门的办公用房，义不是什么重要机密文件存放地，为什么要有这样的吩咐呢？他想去敲门，看看到底是怎么回事。

同事劝年轻人要听从领导的安排，只管干好自己的工作，别的不用瞎操心。不听经理的话有什么好果子吃？这份工作来之不易呀。可年轻人偏偏有股犟劲儿，执意要去那个房间看个究竟。

年轻人看到那扇门被一把大锁紧紧地锁着，他有些失望地转身走了，还没有走到楼梯口他又折了回来。他想使劲地推一推，谁知轻轻一推，门开了。

不大的房间中只有一张桌子，桌子上放着一张纸条，上面用红笔写着几个字："拿这张纸条给经理"。

年轻人有些吃惊，但既然做了，就做到底，他拿着纸条去了总经理办公室，将纸条交给了总经理。令人吃惊的是，当他从总经理办公室出来时，不但没有被解雇，反而被任命为销售部经理。

总经理给了大家这样一个解释："成功是一扇虚掩的门，只有勇于走进某些'禁区'、敢于推开这扇门的人才能够取得成功。销售是最需要勇气的工作，我相信他能够胜任。"事实证明，这个年轻人果然没有辜负总经理的期望。

有时候，生活中的各种难题像一扇门一样坚定地摆在我们前面，让我们觉得向前走一步很艰难，于是牢骚满腹、心生畏惧、手足无措。可是，难道我们真的就只能无所作为，受困于忧患之中吗？实则不然！

事实上，就像上面故事中那样，成功之门其实是虚掩着的，是一扇等待开启的门。只要我们鼓起勇气，勇敢地去叩门，大胆地走进去，呈现在眼前的很可能就是一片崭新的天地。

值得一提的是，这扇成功之门不是任何一个人都能看到的，更不是任何一个人轻而易举就能推开的。如果你不相信忧患中存在多种机会，哪怕距离那扇虚掩的门只有半步，哪怕推开虚掩的门的力量只差半分，虚掩之门只能继续虚掩着，它永远都不会自动开启，更不会偏袒任何一个人。

现实生活中，那些飒爽英姿、各领风骚的成功者正是因为有独到的视角、锐利的目光和相信自己能的勇气，才能够在忧患中看到机会，又踏踏实实、披荆斩棘地走了很长一段路，所以才推开了那扇虚掩的成功之门。

1968年，在墨西哥奥运会百米赛道上，美国选手吉·海因斯撞线后，转过身去看运动场上的计时器时,摊开双手自言自语地说了一句话。这一场景通过电视网络的传播,全世界至少有几亿人看到了,但当时海因斯身边没有话筒,他说了什么,谁都不知道。

直到1984年洛杉矶奥运会前夕,一名叫戴维·帕尔的记者在办公室回顾奥运会资料时好奇心大发,他找到海因斯询问此事,那句话才被公布出来,海因斯说的是:"上帝啊,那扇门原来是虚掩着的。"

原来,自欧文创造了10.5秒的成绩后,这个纪录一直被保持了三十多年。医学界断言,人类的肌肉纤维承载的运动极限决定了百米赛纪录不会突破十秒。最快真的只能是十秒吗?海因斯加紧了训练,他决定试一试,挑战一下。

原来十秒这个门不是紧锁的,它虚掩着,就像终点那根横着的绳子,所以,当海因斯看到自己以9.95秒的成绩打破了十秒这个"不可逾越的极限"时,情不自禁地说出了上面那句睿智精辟的话。

有一句谚语这样说:"打开成功之门,必须勇敢地推或者拉。"的确,那扇门一直在那里,但它并不是紧紧锁着的,只要你相信忧患中存在机会,肯付出艰辛的努力,它就能够打开,就像打破一个不可能实现的神话一样。

生活中也有各种各样的"十秒障碍",如果你不屈服于这样的障碍,敢于挑战自我,就会发现没有突破不了的极限。这个过程,也就是你由平凡到不平凡、由不成功到成功的完美蜕变的过程。

用积极的心态化解忧患

只要用心去捕捉危机中的转机，也可能化险为夷。

"危机"是由两个字构成的，其中的"机"有机会的意思，也就是说忧患并非是100%的危险，里面蕴藏着步步活棋，有无限的契机在里头。学会化解"忧患"，使之变成机会，就是我们能否成功的关键。

正所谓"祸兮福之所倚，福兮祸之所伏"，每一个改变都会产生两种结果，一种是正面的，一种是负面的。即使是负面的，也同时会带来一次机会，那么在一定的条件下，危机也可能成为发展的机遇。

正如钢铁大王卡耐基所说："任何人都不是与成功无缘，只是大部分人都无法自己去创造机会而已。"待危机出现的时候，如果我们能够从中发现问题的根源，采取积极的行动，从"负面"到"正面"转变并非难事。

明朝永乐年间，明成祖借着迁都之际，准备进一步扩大和充实皇宫的规模，集中了全国各地著名的工匠大兴土木。当时被誉为"蒯鲁班"的著名工匠蒯祥，被任命为主持这一工程的负责人。

工部侍郎一向对蒯祥十分嫉恨，在一个雷雨交加的深夜，他偷偷溜进工地，将已接近完工的宫殿大门槛的一头锯短了一段。蒯祥第二天早上来到工地时，不禁大吃一惊：工期将至，且已经没有可以重建的相同材料，这该怎么办呢？

要知道，这样的事情足以使人掉脑袋，蒯祥的处境一下子变得危险起来，旁边的人都暗自为他捏了一把汗。但蒯祥知道现在抱怨或叫苦都是没有用的，唯有想办法弥补、消除危机才是最关键的。

一番冥思苦想后，蒯祥忽然想出一个别样的办法：把门槛的另一头也锯短一段，使两头的长度相等；同时，可以在门槛的两端各做一个槽，使门槛可装可拆，成为一个活门槛。他还准备在门槛的两端各雕刻一朵牡丹花，既可以遮掩两端的槽，又能使门槛色彩鲜艳，显得更加富丽堂皇。

到了工程完工的那一天，明成祖亲自带领文武百官来验收。他看到宫殿的门槛是活动的，拆掉门槛后，轿子和车马可以直进直出，比固定的门槛更加方便；而且，门槛两端雕刻的牡丹花装饰得也十分漂亮，便对蒯祥大加赞扬和赏赐。

小人暗自锯短已近完工的宫殿大门槛，将蒯祥置于将会失去生命的危机之中。而蒯祥通过冥思苦想，使门槛可装可拆，成为一个活门槛、化危机为机会。这一变局的转化，不仅保住了自己的脑袋，还为中国的建筑史留下了一段广为传颂的佳话。

可见，危机并不可怕，可怕的是对危机心存畏惧、怨天尤人、坐以待毙。在危机面前，我们需要做的是振作精神、冷静面对、认真思考，用心去捕捉危机中的转机，从而化险为夷，实现新的飞跃。

事实上，那些真正的成功者，在面对不利的变局时总能保持相对的冷静和勇气，妥善地将负面的变局有效地加以利用，并机智地将负面的变局化为正面的转机，进而引发出某种富有价值的成果。

王某是某一高原地区苹果园的经营者,每年到了收获的季节,他都会将上好的苹果装箱发往各地。由于高原苹果味道鲜美,污染很少,深受顾客的青睐。可是,天有不测风云,有一年高原上突然下了一场特大的冰雹,把结满枝丫的大红苹果打得遍体鳞伤。

冰雹结束后,王某看着满园伤痕累累的苹果,心事重重。这时候,苹果已经订出9000吨货。如果把被冰雹砸过的苹果发给经销商,对方不满意,会砸自己的牌子。如果到时间发不出货,不仅自己会遭受巨大的经济损失,经销商也会遭到连带的经济损失,同样会砸自己的牌子。这可怎么办?

"咦,是不是有种好方法能够改变这种状况呢?"王某俯下身来拾起一个被冰雹打落在地的苹果,揩了揩粘上的泥,咬了一口,他意外地发现,被冰雹打击后的苹果变得清香扑鼻、香甜爽口。

一个绝妙的主意油然而生,王某果断地命令手下集中力量,立即把苹果装进箱子里面,并发运出去,他还在每一个苹果箱上都附上一个简短说明:"不要光看苹果的外表,这是冰雹打出的带疤痕的苹果,是高原地区出产的苹果的特有标记。这种苹果,果紧肉实,具有妙不可言的果糖味道。"

很快,经销商们便收到了这种带伤的苹果,大家看着苹果难看的样子,半信半疑。可尝了一口,却发现口味非常独特、甘甜异常。从此,人们更青睐高原苹果,甚至还专门要求提供带伤疤的苹果。

如果把疤痕当作好苹果销售的标志,无论如何都不得不佩服王某天才的创意。俗话说:"没有笨死的牛,只有愚死的汉。"积极地开动脑筋,学会化解"忧患",使之变成机会,就是你下一个成功的开始。

应该认识到,某件事情这一方面的危机,也许正是另一方面的契机;或这件事情上的危机,很可能正是另一件事情上的契机,我们要掌握好驾驭变局的主动性。如果不去改变，谁也无法知道危机中隐藏着怎样的契机。

　　总之，只要掌握成功驾驭变局的方法，就可以将负面的变局化为正面的转机，从而改变眼前的困境，走向一个新开始。而我们自身的智慧和才能，也往往是在"负面"到"正面"的变局中得到了充分的锻炼。

第七章 含泪播种的人,一定能含笑收获

熬是一种慢成长，只有熬得住，才能挺得起，在严冬风雪的路上，慢慢播种，慢慢磨炼，慢慢成熟。

加一把火，水就沸腾

成功的秘密：每天多做一盎司。

无论你是管理者，还是普通职员，仅仅满足于完成自己眼前的工作是不够的，还要注意"多做一盎司"。只有这样，你的老板、同事和顾客才会关注你、信赖你，从而你也就拥有了更多的成功机会。

盎司是英美制重量单位，一盎司相当于1/16磅。国外著名投资专家约翰·坦普尔顿通过大量的观察和研究，得出了"一盎司定律"：即某些人之所以取得了突出成就，仅仅因为比别人多做了一盎司。

火再加一把，热水就会沸腾；杆再起一点儿，纪录就会刷新。人生"没有最好，只有更好"，比别人多做一点点，对于懒作为、慢作为、不作为的人来说也许很难，而对于有毅力、有魄力、有张力的人来说就意味着告别平庸，意味着到达极致。

小王和小刘同时受雇于一家饭店，他们拿同样多的薪水。一段时间后，小刘青云直上，又是升职又是加薪，而小王却仍在原地踏步，甚至面临被裁的危险。小王觉得自己每天都将工作做得很好，不满意老板对他的不公正待遇，便到老板那儿发牢骚。

老板耐心地听完小王的抱怨，说道："你现在到集市上去一下，看看有什么卖的?"一会儿工夫,小王便从集市上回来汇报道:"集市上只有一个老头儿拉着一车白菜在卖。""有多少斤白菜?"老板问道。"价格是多少呢?"老板又问。"您只是让我去看看有什么卖的,又没有叫我打听别的。"小王委屈地说。

"好吧,"老板接着说,"现在你到里屋去,别出声,看看小刘怎么说。"于是老板把小刘叫来,吩咐他去集市上看看有卖什么的。小刘很快就从集市上回来了,他一口气向老板汇报说:"今天集市上只有一个老头儿在卖白菜,目前共100斤,价格是四毛一斤。我看了一下,这些白菜质量不错,价格也低。我们饭店每天需要20斤白菜,100斤白菜五天左右就可以吃完,所以我把那人带来了,他现在正在外面等您回话呢。"

此时,老板叫出小王,语重心长地说:"现在你知道为什么小刘的薪水比你高了吧?"小王无语。

"多一盎司定律"可以运用到所有的领域,它是让我们走向成功的普遍规律。那些最知名、最出类拔萃的人与其他人的区别在哪里?回答就是多做那么一点点。谁能使自己多做一盎司,坚持比别人多做一点点,谁就能得到千倍的回报。

大学毕业后,雅琴被分到德国大使馆做接线员。小小的接线员在很多人眼里是一份很没出息的工作,但雅琴却在这个普通的工作上做出了成绩,她的成功秘诀即坚持比别人多做一点点。

工作一段时间后,雅琴就将使馆所有人的名字、电话、工作范围甚至他们家属的名字都背得滚瓜烂熟,只要一有电话打进来,无论对方有什么复杂的事情,她总是能在30秒之内帮对方准确地找到人。

由于雅琴工作出色，使馆人员都对她很放心，他们有事要外出时，并不是告诉他们的秘书，而是给雅琴打电话，告诉她如果有人来电话请转告哪些事，雅琴逐渐地成为了大使馆全面负责的留言中心秘书。

一年后，工作出色的雅琴获得了大使馆的嘉奖，并被破格升调到外交部。

雅琴得到大使馆的重用，跃出平庸之列，踏上成功之途，是因为她好运吗？不，她只是没有仅仅满足于做好自己的工作，在做接线员工作的同时，多记住了一些电话号码、多记住了一些人名而已。

"多做一盎司"其实并不难。我们已经付出了99%的努力，再多增加"一盎司"又有什么困难呢？多做一盎司，只需要我们多那么一点点责任心和决心、敬业的态度和自动自发的精神。

"多做一盎司"所体现出来的是你对待工作的负责态度和敬业精神。当你多做了一些有价值的事后，会向别人证明你是比他想象中更加有用的人，而且你还具有更大的价值，如此别人自然愿意相信你、信任你。而且，你也确实能够从这其中学习到一定的经验、知识等，积累起成功的资本。

文雅在一家外企担任文秘，她每天的工作就是整理、撰写和打印一些材料。许多人都觉得这样的工作枯燥无味，但是文雅还是很认真地对待工作、善待工作，把平凡的工作也做得非常出色。

由于文雅整天接触公司的各种重要文件，又学过有关财政方面的知识，细心的她发现公司的一些财政运作方面存在着问题，于是，除了完成每日必须要做的工作外，文雅开始收集关于公司财政方面的资料，然后将这些资料分类整理，并进行分析、提出建议，最后一并打印出来交给了老板。

老板详细地看了一遍这份材料后，惊异于文雅如此年轻，却有这么精明的理财头脑，而且分析得井井有条、合情合理。后来，每次开会时，老板都会征询文雅的意见，并让她参与决策，对她十分倚重。不到一年的时间，文雅被调到了总经理办公室担任助理，她的职业生涯也从此蒸蒸日上。

了解到"多做一盎司"的秘密后，赶快将它运用起来吧。

在工作中，有很多事情都是我们需要增加的那"一盎司"，大到对工作、公司的态度，小到你正在完成的工作，比如，每天比别人早一个小时出来做事情、每天比别人多打一个电话、每天比别人多拜访一位客户……

如果你每天都能够坚持"多做一盎司"、坚持比别人多做一点点，慢慢地你就会在自身的努力中积累经验、补充知识，同时还会增强自己的工作能力。相信，你的工作会大不一样，你将会成为越来越优秀的人。

积小流，成江海

没有一条路平整到毫无坑洼，只有暂时的"低就"才能实现最后的"高就"。

人生不会总是一帆风顺，我们经常会遇到这样或那样的挫折与困境。很多时候，我们需要脚踏实地地做事，从低处做起。

战国时期，孙膑和庞涓同拜一个师父。孙膑是齐国人，少时孤苦，但是聪明过人、为人厚道，而魏国人庞涓虽然天资聪颖学业较好，但为人奸猾、善弄权术。经过师父的精心调教，孙膑和庞涓的兵法、韬略大有长进，但两人的差距也越来越明显了，庞涓心里很忌妒孙膑的才能，可在脸上从未流露过。

这时，传来了魏惠王招贤纳士的消息。庞涓下山应招，很快就得到了魏惠王的重用，被拜为军师，屡建军功。庞涓深知孙膑乃自己的大敌，欲除之而后快。思谋良久，忽生一计，他大力向魏惠王推荐孙膑，魏惠王大喜，让庞涓写信请孙膑到魏国共事，并且派了使者带着书信和重金前去相聘。

得知庞涓的举荐，孙膑很是感动，欣然而来，想助庞涓成就大业。谁知，庞涓却又劝说魏惠王暂且不能对孙膑委以重任，而后又施一计，诬陷孙膑卖国通敌，结果孙膑双腿的膝盖骨被残忍地挖掉了，成了废人，被软禁在庞涓的府院。

得知自己遭庞涓暗算时，孙膑很是气愤，但他很清楚自己的处境，以残废的身体无法和庞涓正面对抗，所以他想出了装疯的计策。他经常一睁开眼便大哭大闹，突然扑倒在地，口吐白沫。为了让庞涓信以为真，他还跑到猪圈里和猪抢食。孙膑就这样苟且偷生，整日以猪圈为家，又胡言乱语，时间一长，人们都说他真疯了，就连庞涓也信以为真："看来是真疯了。"渐渐地放松了警惕。

终于有一天，齐国大将田忌出使到魏国，见到猪圈里的孙膑，非常同情他的遭遇，田忌知道他是难得的人才，于是秘密用车将孙膑运到齐国。孙膑大难不死，凭借自己的满腹才学和韬略成为了齐国的军师，率领齐军在庞陵之战中打败了魏军，杀死了庞涓，终于报仇雪恨，成了一代名军师。

在身陷魏国的日子里，孙膑不但受到了身体上的折磨，而且遭到手足兄弟的迫害，连最基本的生存都没有保障。他睡猪圈、吃猪食，整日地装疯卖傻，这样的磨炼是一般人所不能忍受的，但孙膑以莫大的意志力忍受住了，也正是因为苟且偷生，他保全了性命，日后才能报仇雪恨、建功立业。

由此可见，要想"高就"就必须在恰当的时候"低就"。"低就"不是不思进取和沉沦，更非懦弱和畏缩，而是在艰难困苦中积蓄力量、调整心态、磨炼意志，为成功打基础。

"不积跬步，无以至千里；不积小流，无以成江海"的古训早已让我们耳熟能详。无独有偶，《塔木德》上有句名言，也揭示了"低就"的重要性："别想一下就造出大海，必须先由小河川开始。"

那些取得了较大成就的人，并不是因为一开始便居于高位，也不是他们有一步登天的本领，而是他们始终相信自己，在不被重用与重视的时候，也能够坦然自若地低就，不断地完善自我，如此"高就"便指日可待。

有这样一个真实的故事曾广为流传。

有这样一位青年，他在美国一所著名大学的计算机系留学深造。博士毕业后，他想在美国找一份理想的工作。可是，由于他的起点高、要求高，结果连续找了好几家大公司，都没有录用他。

思来想去，青年决定收起所有的学位证明，以一种最低身份求职，他拿着自己的高中毕业证前去寻找工作，并声称他只想在工作岗位上锻炼自己，积累工作经验，哪怕不给工资也愿意做。

不久，青年就被一家大企业聘为程序录入员。程序录入是计算机系列中最基础的工作，对他来说简直就是小菜一碟，但他仍干得一丝不苟，录入时他看出程序中的错误，并适时地向老板提了出来。

老板发现青年居然能看出程序中的错误，非一般的程序录入员可比，对青年自然多了一份认可和欣赏，同时也很好奇。这时，青年才亮出学士证，于是老板给他换了个与大学毕业生对口的工作。

又过了一段时间，老板发觉在这个工作岗位上，青年还是比别人做得都优秀，他更加好奇了，于是就约青年详谈。此时，青年才拿出了博士证，而且是美国一所著名大学的博士证。

老板对青年的水平已经有了全面的认识，又佩服于他能够踏踏实实地做好每一项工作，没有一点儿认为自己受了委屈的抱怨，便破例提名让他担任公司的技术主管。青年在公司得到了"一席之地"，而且还获得了心仪的"好职位"。

这位青年之所以取得了成功，在于他可以最大程度地"低就"，踏踏实实地行动，从基层干起，由此获得一个锻炼自己的工作平台，既可以从中获得经验与资历，又可以借此展现自己的能力和才华，新的机会和新的岗位自然就向他走来。

没有一条路平整到毫无坑洼，但我们却不能因为坑洼而拒绝前行；没有一片土地平阔到没有低谷，但我们也不能因为低谷而放弃大河山川。相反，只有在坑洼中沉得住气，汲取教训，未来的路才能走得更加宽阔；只有在低谷中积蓄力量，有朝一日挺起腰板时的视野才能更加高远。

总之，不要因为生活中的各种困顿而迷失方向，要以低姿态经受成功路上的种种考验。相信，总有一天，你会在不知不觉中使自己的未来之路更宽阔、更长远。

培植一棵忍耐的树

渴望成功就不要畏惧"熬"的艰辛，成功是"熬"出来的。

等待和考验的过程是美丽的，"熬"是一种力量。我们都知道春小麦没有冬小麦那么黏稠、芬芳，为什么呢？就在于春小麦没有经过漫长的严冬，没有经过风雪的洗礼，植物尚且如此，何况人呢？

下面是一个有趣的实验。

教授给十个孩子每人发一颗糖果，并郑重其事地说："必须等到三个小时之后再吃，到时就会有更多的糖奖赏给你们。"三个小时之后，他回来一看，只有一个孩子还拿着那块糖，其余的孩子全部偷偷吃了。多年后，他调查了这些孩子的各自情况，发现忍住没吃糖的那个孩子事业最成功，成为了企业统帅。

"熬至滴水成珠，本身对人生来说，就是一个美妙景象，是一个美好的修炼过程。"这是作家池莉的散文集《熬至滴水成珠》中的一句话。在疼痛而诚挚中，凝聚了她的寻觅、沉吟、安宁和喜乐。

的确，人生本身就是一种修炼的过程，这种修炼就是一种"熬"，煎药般的"熬"、煲汤似的"熬"。"熬"的过程可以增强我们的心智，练就忍耐、沉稳与坚韧。在收获平和心态的同时，我们便会逐渐经得住折腾，担得起风浪。

圣人古训："天将降大任于斯人也，必先苦其心志，劳其筋骨，饿其体肤，空乏其身，行拂乱其所为，所以动心忍性，增益其所不能。"从忍受煎熬到享受煎熬的过程，就完成了蜕变腾飞的华丽转身。

璞要经过工匠的千雕万凿，才能成为价值连城的美玉；蛹要经过痛苦的四次蜕皮，才能变成翩翩起舞的飞蝶。渴望成功就不要畏惧"熬"的艰辛，真正潜心做事之人都有体会：成功是"熬"出来的。

比如，李时珍撰写医药典籍，历时 27 年，访遍名山大川，尝遍百花野草，终于著成《本草纲目》，造福后代；司马迁忍辱负重，煎熬十年，终著成《史记》，为后人研究古代历史提供了最详尽的史料。

一个"熬"字，多少时光岁月流转、多少点滴琐碎。"熬"就是"难"、就是"慢"、就是"痛"、就是"忍"。明白这些转换，才能体会"熬"的无尽内涵，感受"熬"所蕴含的力量。

奥斯汀曾经说过一句话："在你心中的庭院，培植一棵忍耐的树，虽然它的根很苦，但是果实一定是甜的。"在"熬"的过程中，你要努力把根扎得很深很深，汲取养料，你的树干在不知不觉中成长，总有一天会荫蔽四方，结出甜美果实。

如此，我们可以看出，"熬"的过程的确是痛苦的，但它却是锻造意志力最直接的途径，打造成功最有效的方式。只有熬得住艰辛，才能挺得起人生；只有熬得住苦难的沉重，爆发时，才能撑得起未来的辉煌。

在这个快节奏的时代，总是站在起跑线上的你，可以做春小麦，在春风细雨中早早抽穗、早早结果；也可以尝试做冬小麦，经历严冬风雪，慢慢成熟，细细磨炼，孕育出更饱满、更芬芳的麦粒。

浴火，而后重生

磨难，是成长的助推剂；磨难，是前进的发动机。

"铁经淬炼才可成钢，凤凰浴火才能重生。"这句话的意思是逆境与困窘是对人生的挑战，可以锻炼和增强我们的意志力。在战胜困窘和逆境的过程中，经受住了严酷的挑战，也就迎接了新的希望。

没有始终波澜不惊的大海，也没有永远平坦的大道，人生于世，遭遇凄风苦雨实属自然，生活有时候就像一个大熔炉。不过，经过烈火的煅烧后，有人变得软弱，有人变得坚强，有人虽熔化了但却流芳千古。

由于是家中的独女，自小被父母万般疼爱，琳岚就像温室里的花朵一样脆弱，稍有不如意就唉声叹气。父亲意识到琳岚的这个问题，于是一天把琳岚带进了厨房，一堂"生活实践课"从此改变了琳岚。

父亲往三个同样大小的锅里倒入一样多的水，然后将一根胡萝卜、一个生鸡蛋和一把咖啡豆分别放进不同的锅中，再把锅放到火力一样大的三个炉子上去烧。不到半个小时，在琳岚的疑惑中，父亲将煮好的胡萝卜和鸡蛋放在了盘子里，将咖啡倒进了杯子里，微笑地询问琳岚："说说看，你见到了什么？"

"当然是胡萝卜、鸡蛋和咖啡了。"琳岚一头雾水。

"那么，你再来摸摸或用嘴唇感受一下这三样东西的变化吧！"

琳岚虽然疑惑不解，但还是照做了。

这时，父亲不再微笑，而是十分严肃地看着琳岚说："你看见的这三样东西是在一样大的锅里、一样多的水里、一样旺的火上，用一样多的时间煮过的，可它们的反应却迥然不同：胡萝卜生的时候是硬的，煮完后却变得绵软如泥；生鸡蛋是那样的脆弱，蛋壳一碰就会碎，可是煮过后连蛋白都变硬了；咖啡豆没煮之前也是很硬的，虽然煮过一会儿后变软了，但它的香气和味道却溶进了水里，变成了香醇的咖啡。"

听了父亲的话，琳岚仍然不解其意，一脸茫然。

父亲接着说："孩子，面对生活的煎熬，你是像胡萝卜那样变得软弱无力，还是如鸡蛋一样变硬变强？抑或像一把咖啡豆，虽然自身受损却不断向四周散发出香气呢？简而言之，生活中的强者会让自己和周围的一切变得更加美好而富有意义。"

一番话后，琳岚终于明白了父亲的良苦用心，从此再也没有对生活消极怠慢过，而是坚强乐观地去经受一切考验。

对于弱者来说，苦难是一道难以跨越的门槛，是泯灭意志甚至导致沉沦的深渊；而对于强者而言，苦难则是磨炼意志的训练场，是助其成长的必经之路。这正如法国大文豪巴尔扎克所说："苦难，对于天才是一块垫脚石，对能干的人是一笔财富，而对弱者是一个万丈深渊。"

一块足以让人一目了然的金子必将是经过熔炼后才能发出熠熠的光辉，这时的出炉便是一种功到自然成的结果。《西游记》中的孙悟空不正是在老君炉中淬炼才练成了火眼金睛吗？

我们若想在事业上有所建树，若想拥有一片不一样的天空，就必须始终相信自己，学会勇敢和坚强，积极迎接各种困难和挑战，不断在实践中丰富自己的阅历、提高自己的能力，始终如一地奋勇努力，直至磨砺出生命的真金。

对此，日本著名企业家松下幸之助深有体会。

松下幸之助是日本著名跨国公司松下电器的创始人，被人称为"经营之神"，但他并不是一个幸运儿。父亲早逝、家境贫寒，身为长子的松下幸之助不得不过早地担负起生活的重担，体验人生的艰难。

松下幸之助先是到大阪一家宫田火盆店当了小学徒。日本的冬季，室内又潮又冷，松下幸之助每天要不停地擦火盆，冷水将手泡得红肿起来，皮肤还开了裂，在使用抹布的时候，水会浸入干裂处，感觉很痛。松下幸之助只干了三个月，还没来得及学制作火盆的手艺，宫田火盆店关闭了。他又到自行车店当学徒，每天早晨五点起床，只要店门一开，就立刻扫地、擦桌子、整理陈列的商品，然后开始修理自行车、补轮胎等……背井离乡、寄人篱下，心中惦念着母亲，晚上的时候，松下幸之助常常将头蒙在被子里暗暗哭泣。

这种生活持续到1910年，松下幸之助又在一家电灯厂做了一名室内安装电线的实习工，他诚实的品格和上乘的服务赢得了公司的信任，他晋升为公司最年轻的检查员。就在这时，他遇到了人生最大的不幸。

原来，松下幸之助发现自己得了家族病，已经有九位家人在30岁前因为这个家族病离开了人世，这其中包括他的父亲和哥哥。由于事业刚刚开展，松下幸之助没有按照医生的吩咐休养，而是一边工作一边治疗。在此期间，他形成了一套与疾病做斗争的办法：不断调整自己的心态，以积极心态面对疾病，调动机体自身的免疫力、抵抗力与病魔斗争，使自己保持旺盛的精力。

而后，由于希望公司改良插座的愿望受挫，松下幸之助辞去公司的工作，开始独立经营插座生意。谁知，在松下幸之助创业之时又遇上了第一次世界大战，物价飞涨，千辛万苦生产出来的产品却遇到棘手的销售问题。松下幸之助手里的所有资金已不足100日元，工厂到了难以为继的地步，员工相继离去，松下幸之助的境况变得很糟糕。

但是，松下幸之助并没有抱怨，他把这一切磨难都看成是创业的必然经历，他对自己说："不要害怕，再下点儿功夫，我相信我一定会成功的！因为这些磨难，现在我已经越来越有接近成功的把握了。"功夫不负有心人，公司的生意逐渐有了转机，慢慢走出了困境。

结果，第二次世界大战又来了。日本的战败使得松下幸之助变得几乎一无所有，剩下的是到1949年时达100万日元的巨额债务。为抗议把公司定为财阀，松下幸之助不下50次去美军司令部进行交涉，其中的辛苦自不必言。

如今，松下公司已经是一个著名的跨国性公司，在全世界设有二百三十多家分公司，员工总数超过25万人。不得不说，松下的成功，源自松下幸之助坦然地应对生活中的各种折磨，在一次又一次的困苦之中让自己变得越来越好。

"燧石受到的敲打越厉害，发出的光就越灿烂"，苦难锻炼了松下幸之助坚强的意志，艰辛也为他打好了成功的基础。他的成功故事再一次向我们证明了：始终相信自己，在折磨中更好地成长起来，也就孕育了不朽的希望。

磨难，是成长的助推剂；磨难，是前进的发动机。因此，面对不佳的际遇、一时的坎坷时，我们无须抱怨，更不要逃避，以积极乐观的态度主动去"迎接"，将其变成美好未来的前奏吧。

给船加点儿水

你所承担的越重,你的工作就越有成就。

有这样一个故事。

一艘货轮卸货后,在返航的时候,突然遭遇巨大风暴,大家都惊慌失措。就在这个危急时刻,老船长果断下令:"打开所有货舱,立刻往里面灌水。"

往货舱里灌水?水手们惊呆了,这个时候本来就危险,怎么还能往里面灌水呢?险上加险,这不是自己给自己找麻烦吗?不是自找死路吗?

这时,只听见老船长镇定地解释道:"大家见过根深干粗的树被暴风刮倒过吗?被刮倒的是没有根基的小树。"

水手们半信半疑地照着做了。

虽然暴风巨浪依旧那么猛烈,但随着货舱里的水位越来越高,货轮渐渐地平稳,不再害怕风暴的袭击了。

大家都松了一口气,纷纷请教船长是怎么回事。船长微笑着回答道:"一只空木桶很容易被风打翻,如果装满了水,风是吹不倒它的。一样的道理,空船是最危险的,给船加点儿水,让船负重才是最安全的。"

空船是最危险的,给船加点儿水,让船负重才是最安全的。其实,人何尝不是呢？那些心怀大志的人，心头往往压着沉重的责任感，砥砺着人生坚稳的脚步，从岁月和历史的风雨中坚定地走出来。而那些得过且过、空耗时光的人，就像一个没有盛水的空水桶，往往一场人生的风雨就把他们彻底地打翻了。

因此，尽管一个人担负的责任愈大，需要付出的比别人愈多，但如果你想取得一定程度的成功，就不要避讳承担自己身上的责任，甚至要积极主动地承担起责任。正如一句话所说："生命的负累也是生命的光荣。"

在公司中，当老板交代额外的任务给你的时候，你应该高兴才对，而不应该抱怨，或者拒绝。因为承担起多一份的责任，不仅能够体现出自己对工作认真负责的敬业精神，而且你的能力和素质将得到提升，你想要的一切都将一一兑现。

大学毕业后，白勇和郭良同时进入一家公司做广告设计工作。刚开始，两个人的工作表现没有太大的差别，但不到一年，白勇晋升为主管，郭良却被老板辞退了，为什么会这样呢？

原来在工作中，每次老板安排额外任务时，白勇认为这是表现自己的机会，总是很主动积极，而郭良却老是推诿、逃避工作。于是，老板总是把重要的、难度大的工作交给白勇完成，而把一些无关紧要的工作交给郭良。

白勇因此经常忙得不可开交，郭良却经常无事可做。郭良经常毫不掩饰地嘲笑白勇："你瞧我，活儿干得少，责任承担得少，日子过得逍遥，工资可不比你少。你说你何必那么拼命呢？真是大傻瓜！"

白勇在工作中愿意承担更多责任，做得多、学得多，成为公司离不开的人；而郭良做得少、学得少，成了多余的人。就这样，两人渐渐地拉开了距离，事业上所取得的成就自然不能同日而语。

由此可见，一个人担负的责任愈大，需要付出的比别人更多，这也是许多人不愿意担负重大责任的主要原因。他们不愿意承受比别人多的压力，也不想付出比别人多的时间和精力，所以他们没有取得更大的成功。

你是不是很羡慕那些在事业上成功，可谓是威风八面、享尽无限风光的人？但是，你有没有想过在成功人士风光无限的背后，他们担负了比他人更多的责任，付出了常人难以付出的努力和代价？但凡有大成就的人，他们都存在着一个共同的特点，那就是承担了更多的责任。

在不知情者眼里，杜宏研是一个幸运的人。要不然，她学历一般，能力也不出类拔萃，怎么能在短短三年时间里从人事部文员升到销售经理的位置，一路绿灯呢？只有杜宏研自己清楚，自己的成绩完全是因为对工作负责，一步一步慢慢爬上去的，其中有着数不清的艰辛。

刚进这家公司时，只有大专学历的杜宏研是一个不起眼的人事文员。在这个部门，学历高、能力强的人才层出不穷，杜宏研自知自己没有什么优势，只有比别人更勤奋。当别人抱怨工作百无聊赖、老板苛刻、业务难做时，她认真履行自己的工作职责，用心搜集、深入了解产品以及主要客户的资料。

一次，办公室主任请病假，留下许多需要紧急处理的工作，经理要求人事部人员暂时接管工作，但他们都以手头工作很忙为由委婉地推辞掉了，杜宏研认为那份工作必须有人做，便主动提出暂时由自己接管。

实际上，杜宏研平时的工作也很忙，也不能保证同时处理好两份繁重的工作。但是，对事业的责任感促使着她要努力、努力、再努力。那段时间，她认真地思考怎样提高工作效率、怎样在同一时间尽量成功地完成两份工作，她很快制定了方案，井然有序地开展工作，最终成功地完成了任务。

杜宏研主动承担责任的精神以及她的工作能力，均得到了经理的高度认可和欣赏。后来，公司开设新部门时，经理提拔杜宏研为销售部经理，因为经理知道只有杜宏研这样的人才能承担起重任，她的事业和生活由此上了一个新台阶。

真正有成就的工作，从来都不是轻松的、容易的，你所承担的责任越重，你的工作也就越有成就。如果事业舞台是一个圆的话，那么责任心便是这个圆的半径。一个人能有多大的事业，往往取决于他承担了多少责任。

伟大的代价就是责任，生命的负累也是生命的光荣。将自己这个"木桶"装得满满的，敢于负重、勇于负重、善于负重，你会因这近乎残酷的负重的洗礼而变得更加强大，也才能在大浪淘沙的风暴中处于不败之地。

每个人都应当多考虑一下责任与事业的关系，并且时常问问自己："我还能承担什么责任？"承担起更多的责任，并以自己所承担的重任为荣，相信你的工作会得到改观，进而获得更宽广的发展空间。

用心耕耘，只为收获成功

真正的幸福，也只能在辛勤的耕耘后才能收获。

有一个农夫自小贫困，他勤勤恳恳劳作了一辈子，终于拥有了一个非常大的葡萄园。可是他的儿子们都好吃懒做，终日游手好闲，这让农夫感到十分伤心，在快要辞别人世时，他终于想到了一个办法。

一天，农夫把几个儿子叫到床前，向他们宣读遗嘱。他说："孩子们，我就要离开人世了，我把宝物埋在了葡萄园的每个角落，等我走了，你们去把它们统统都找出来，以后生活就不用发愁了。"

说完之后，农夫便去世了。等安葬了父亲，儿子们便拿上铁铲、锄头等工具，卖力地把土翻了又翻，以为能找到父亲藏好的金银财宝。第一天，他们把葡萄园的每个角落都翻了一遍，但是什么宝物都没找到，第二天、第三天……依然如此。

儿子们觉得很失望，觉得父亲让他们白白辛苦了一番。然而，他们的这场"寻宝"活动，无疑好好地耕作了一番葡萄园，经过彻底翻整的土地十分有利于葡萄的生长，所以这年的葡萄长得又多又好。

因此，几兄弟酿出了方圆几十里最好喝的葡萄酒，销售一空，果然从此发了财，这正是他们的父亲的遗愿。这时，他们一下子明白了父亲的用意：只有勤劳耕作，葡萄园才会有丰硕的果实，才会不断地创造更多的财富。

这个故事启迪我们这样一个道理：不管是主动还是被动，土地被辛勤地耕耘过了，才可能结出丰硕的果实；只有吃勤劳耕作收获的粮食，才可能吃起来更香甜，真正的幸福也只能在辛勤的劳动和晶莹的汗水中才能找到。

一位哲人说过："世界上能登上金字塔的生物只有两种：一种是鹰，一种是蜗牛。不管是天资绝佳的鹰，还是平庸的蜗牛，能登上塔尖，极目四望，俯视万里，都离不开两个字——勤奋。"

的确，一个人在工作事业上取得成功，环境、机遇、天赋、学识等外部因素固然重要，但更重要的是依赖于自身的勤奋与努力。少了勤奋的精神，即使是天资绝佳的雄鹰也只能空振翅膀；而有了勤奋的精神，就算是行动迟缓的蜗牛也能雄踞塔顶,观千山暮雪,望万里层云。

勤奋使平凡变得伟大,使庸人变成豪杰。古今中外,凡是在事业上有所成就的人,无一不是勤奋刻苦的楷模,是勤奋铸就了他们一生事业的成功。宋代杰出的政治家和文学家王安石的成才就是一个典范。

王安石出生在一个小官吏家庭,从小随父亲游南北各地,增加了社会阅历,开阔了眼界,目睹了人民生活的艰辛,对宋王朝"积贫"、"积弱"的局面有了一定的感性认识,青年时期便立下了"矫世变俗"之志。

王安石非常勤奋,他博览群书,手不释卷,刻苦研读,以至于常常忘记口渴了要喝水,肚子饿了也不知道。据说,连他吃饭睡觉的时候,手中的书也不肯放下。这使得家人对他心疼不已,却又不忍责备他。

22岁时,王安石考中了进士,被派到扬州做淮南判官。在官署里,他除了办公以外,其余时间全部用在读书和写作上面,而且常常通宵达旦,然后早上匆匆到府里去办公。因此,人们总见他蓬头垢面、一副奇形怪状的模样。

几十年如一日,王安石钻研了大量经史典籍和政治、经济、军事、文学艺术等著作,同时还研究了佛学和道学,他的眼界越来越宽广、学识越来越渊博,后来,终于成为杰出的政治家和文学家。

一分耕耘一分收获,伟大的成功和辛勤的劳动是成正比的。哪里有超乎常人的勤奋,哪里就有天才。这正如爱迪生所说的那句众所周知的名言:"天才是99%的汗水加上1%的灵感。"

一个名叫约翰·亨特的成功者,曾这样自我评论道:"我从不承认自己是什么天才,我所取得的一切成就都是靠勤奋点滴积累而成的。打个比喻,我的世界就像一个蜂巢一样,每一点儿食物都是通过劳动在大自然中精心选择的。"

坚持勤勤恳恳地付出心血，才会换来实实在在的享受。因此，一个人要想在工作中出人头地，达到事业的高峰，享受美好的人生，只有一种途径，那就是勤奋、勤奋、再勤奋。否则，一切都是空谈。

一时勤奋并不难做到，但要一生勤勤恳恳、任劳任怨却不是一件容易的事情，因为，勤奋是一种持之以恒的精神，需要坚忍不拔的性格和坚强的意志，需要数年如一日地付出心血和汗水。

"我如果不在家，就一定在实验田；如果不在实验田，就一定在去实验田的路上。"这是"杂交水稻之父"袁隆平说过的一句话，也是他一生勤勤恳恳、任劳任怨的真实写照。

20 世纪 60 年代，袁隆平从西南农业大学毕业后，成为了一名农校教师。当时正值罕见的天灾人祸时期，他亲眼目睹人们挨饿的惨景，毅然向杂交水稻这个世界性的大课题下了战书。

为了让粮食大幅度增产，用农业科学技术战胜饥饿，袁隆平迈开双腿走下了讲台，走进了水稻的莽莽绿海，每天头顶烈日、脚踩烂泥、驼背弯腰地寻找、研究优良水稻。建设了杂交水稻实验田后，袁隆平仍然每天都坚持下田实验，并且越是打雷、刮大风、下大雨，越要到田里面去看看，看禾苗是否倒伏，看哪些品种能够经得起几级风。

历经数十载的不懈探索和艰难实践，袁隆平终于成功了。随着杂交水稻的培育成功和在全国大面积推广，袁隆平先后获得"国家特等发明奖"、"首届国家最高科学技术奖"等多项国内奖项和联合国"科学奖"、"沃尔夫奖"、"世界粮食奖"等 11 项国际大奖。

对于自己事业的成功，袁隆平声称："没有什么秘诀，做科研就要脚踏实地、勤勤恳恳、埋头苦干，这是基本功，我是深刻体会过的。"如今，现年八十多岁的袁隆平依然活跃在杂交水稻研究事业上，带领着中国农业迅猛发展……

袁隆平的成功再一次为我们提供了有力的佐证：一切事业的成功，都需要勤奋作为基础条件。只要勤奋，成功的大门就会为你敞开，等你走进去。勤奋不仅是成功的秘诀，也是打开真理大门的钥匙。

了解了这些后，想要成功的你，愿不愿意比别人勤奋一点点呢？

退一步，许自己一片海阔天空

有了退让，我们的天空就会一片晴朗。

人生的道路上必然会有风起浪涌的时候，也难免有与别人发生摩擦的时候，如果迎面与之搏击，也许会撞得头破血流、船毁人亡，难有东山再起之日。此时何不灵活一下，见机忍一下、退一下？

俗话说："忍一时风平浪静，退一步海阔天空。"在这个世界上，没有解不开的问题，也没有化解不了的矛盾。只要我们能够适度地退让，就会拨云见日，就会雨过天晴，获得一幅美丽的风景。

在实际生活中，人们常常赋予"前进"以勇者的赞誉，因为"进"代表着激昂向上、积极进取的人生态度。所以，不少人热衷于"进"，而将"退"看作是怯懦的表现，是屈服的象征，不愿意、不甘心"退"。

殊不知，在人生的道路中，前进并不是人唯一的处世之道，有时候，后退一步也能够让我们感觉到柳暗花明，退让是为了更好地前进。人生本身就是有进有退，有时候后退一步比前进一步更加重要。

下面是一个比较典型的事例。

春秋时期，楚庄王为了增强自己的势力，发兵攻打庸国。由于庸国奋力抵抗，楚军一时难以推进，楚将杨窗也被俘了。三天后，由于庸国的疏忽，杨窗竟从庸国逃了回来，他对楚庄王说明了庸国的情况："庸国人人奋战，如果我们不调集主力大军，恐怕难以取胜。"

楚将师叔出了一个主意，建议用伴装败退之计以骄庸军，从而再去进攻他们。因此师叔带兵进攻，开战不久，楚军伴装难以招架，败下阵来向后撤退。这样一连几次，楚军节节败退，庸军七战七捷，不由得骄傲起来，军心麻痹，军队渐渐松懈了斗志，对敌人的戒备也渐渐消除。

在这种情况下，楚庄王率领增援部队赶来，师叔说："我军已七次伴装败退，庸人已十分骄傲，现在正是发动总攻的大好时机。"于是楚庄王下令兵分两路进攻庸国，此时庸国将士正陶醉在胜利之中，怎么也不会想到楚军突然发起进攻，庸国士兵仓促应战，抵挡不住，结果庸军被一举歼灭。

在这个故事中，楚国为了战胜庸国，采取了妥协和让步的方法，看似是处于下风，但事实证明，他们因为"退"而创造了更好的作战机会，最后他们战胜了庸国，成为了这场残酷战争中的赢家。

生活中有很多以"退"为"进"的例子，比如，体育竞赛中的足球、篮球比赛，当进攻受阻，往往是将球后传，谋取更有效的进攻，获取"破网"的收获；汽车驾驶员在泊车时，有时也需要准确地后退，才能将车停在安全的位置；起步时，有时也需要后退，才能把车驶上前进的道路……

有了退让，我们就不会被认为是一介粗鲁的武夫；有了退让，我们就不会被认为是一条莽撞的汉子；有了退让，我们的人生道路就更加宽广；有了退让，我们的天空就会一片晴朗。

在竞争激烈的现代社会，能够主动退却、寻找或创造市场机会的人更是杰出的人才，他们通过一定程度上的"退"，通常可以以退为进、胜算倍增，甚至转败为胜，进而赢得成功的人生。

铃木集团成立于1920年，1952年开始生产摩托车，1955年开始生产汽车，如今是日本著名企业之一，向全世界的客户提供优质产品。但在创业之初，这家公司却遇到了不小的麻烦。

有一次，铃木集团总裁铃木太郎与西门子公司进行商务谈判，双方陷入了困境，原因是西门子公司坚持技术使用费提成率要占到销售总额的9%，铃木太郎不赞成这一提案，建议将提成率降低到5%。

虽然西门子公司答应了铃木太郎的请求，但是合同文本的主动权掌握在西门子公司手中，不仅许多条款都是偏向自己公司的，而且他们又提出新的要求，即把技术转让费定为60万美元，并且要一次付清。

弱势的铃木公司只能听从西门子公司的摆布。但是，当时铃木电器公司的总资本不超过四亿日元，而60万美元的技术转让费相当于两亿日元，这笔沉重的技术转让费对于刚刚起步的铃木公司来说是一个相当沉重的负担。

巨额的费用，让铃木太郎陷入了两难的选择。如果答应，公司必将陷入财务危机，一场灾难势必在劫难逃；如果不答应，则公司就会失去一次发展壮大的好时机。在这种形势对自己十分不利的情况下，铃木太郎高瞻远瞩地指出，退一步海阔天空，懂得退让才知进取，于是大胆接受了西门子公司的苛刻条件。

由于铃木公司从西门子公司处获得了最新研究成果，所以，当时世界上最先进的科技成果几乎都有铃木公司的参与，这为它的发展打下了坚实的基础。可以这样说，双方的合作使铃木公司开始确立了国际大公司的地位。

如果不是一开始忍痛对西门子公司做出了退让，铃木集团恐怕很难成为如今一家全球知名企业。难怪有人说："用争斗的方式，我们永远得不到满足；但是用退让的方式，我们得到的会比期望的更多。"

"退"，体现了一个人的胸襟，需要的是相信自己的睿智和勇气。暂时地退让，虽然我们会损失一些东西，但是却可以巧妙地摆脱各种困难和厄运，如此我们如何能不成功？如何不是真正的强者？既然如此，何乐而不为呢？

漫长等待，只为花开

经受得住寂寞的考验，才会有成功时刻的绚烂。

寂寞是人生中难以逃避的事情，如同生活中的喜怒哀乐一样，时刻伴随着我们。要真正享受成功的喜悦，就一定要耐得住寂寞，这是一种可贵的沉稳风范，是一个人淡泊明志的修养，更是我们追寻梦想的关键。

这是一场座无虚席的演说，在人们热切、焦急的等待中，全国著名的推销大师上场了，这是他告别职业生涯的演说。只见他指挥着工作人员搭起了一座高大的铁架,铁架上吊着一个巨大的铁球,接下来又让工作人员将一个大铁锤放在自己面前。

看到这怪异的一幕,人们很惊奇,不知道他要做什么。

这时,推销大师对观众说:"请两位身体强壮的人到台上来,用这个大铁锤去敲打那个吊着的铁球,直到把它荡起来。"很快,有两个年轻人上了台,他们用尽全力去敲打那个铁球,累得气喘吁吁,但是铁球纹丝不动。

台下观众的呐喊声渐渐沉寂下去了,他们好像认定这样的敲打是无用的,于是等着推销大师来解惑。这时,推销大师拿出一个小锤,对着那个巨大的铁球认真地敲了一下,停顿片刻再敲一下,他一直这样持续地做着。

时间一分一秒地过去,十分钟、20分钟……这样单调的钟声,令人们开始骚动起来,他们希望大师说点儿什么,于是便用各种方式来发泄自己的不满。但是推销大师好像根本没有听见人们在喊叫什么,仍然一小锤一小锤不停地敲着……

人们开始离去,最后只有少数几个人留了下来。后来留下的人们也喊累了,会场又安静了。只能听到"嘀嗒"、"嘀嗒"的钟摆声,又20分钟过去了,突然前排的一个人大叫道:"球动了!"

霎时间,人们聚精会神地看着那个铁球。那个巨大的铁球以很难察觉的幅度摆动着,而推销大师仍在继续敲着。终于,铁球在一锤一锤的敲打中越荡越高,它拉动着那个铁架子"哐、哐"作响,在场的每一个人都被震撼了。

一阵热烈的掌声爆发出来,推销大师收起小锤说了一句话:"你们都想知道我成功的经验,今天我告诉你们,在成功的道路上,要有足够的耐心去忍受寂寞,等待成功的到来,否则你就只能面对失败。"

在这场别致的演讲中,推销大师为我们上了生动的一课。我们很多人都像中途退场的那些人一样，因为耐不住成功过程中的寂寞而终止了前进的脚步，取不到"真经"，这样也就永远到不了成功的彼岸。

生活中不乏这样一些人，他们不够相信自己，害怕过平淡无奇的生活，不能承受生活中偶尔的失意，甚至用凑热闹、赶时髦、追风潮等麻痹自己、摆脱寂寞。虽然这样得到了一时的快感，但浑浑噩噩地生活，岂不是浪费时间也浪费生命。

铁树沉寂60年方开一次花，昙花积聚一个花期只为数小时的盛放。就像这些独特的植物一样，正是因为它们经受得住寂寞的考验，才会有成功时刻的绚烂。人的一生之中，真正激情四射、五彩绚烂的场面都是短暂的，更多的时候面对的都是平凡普通的生活。

耐得住寂寞的意义在于：能够守住精神的底线、安静躁动的心神、熨帖狂乱的灵魂，把无休无止的欲望归于最有价值之处。在寂寞中默默耕耘，并且凭借一己良知和理性，严格地塑造、鞭策并完善自我。

中国有句古话：十年寒窗无人问，一举成名天下知。很多人羡慕成功者，关注他们头上的光环，却不知很多成功人士的人生旅程并不是一帆风顺的，更多的是长期忍受寂寞，默默无闻前行的辛酸史、奋斗史。

李时珍的家族世代从医，世代长者都是远近闻名的"铃医"。李时珍的父亲李言闻是当地的名医，在当时社会中，民间医生的地位很低，李家常受官绅的欺侮，因此，父亲决定让二儿子李时珍读书应考，以便一朝功成，出人头地。

李时珍自小体弱多病，然而性格刚直纯真，对空洞乏味的八股文不屑一顾，自14岁中了秀才后，又三次到武昌考举人，均名落孙山。于是，他放弃了科举做官的打算，专心学医，并向父亲表明决心："身如逆流船，心比铁石坚。望父全儿志，至死不怕难。"李言闻被儿子的坚诚所打动，终于同意了李时珍的要求，并精心加以辅导。

在父亲的启示下，李时珍认识到，"读万卷书"固然需要，但"行万里路"更不可少。于是，他放弃了衣食无忧的安宁生活，穿上草鞋，背起药筐，在徒弟庞宪、儿子建元的伴随下，远涉深山旷野，足迹遍及河南、河北、江苏、安徽、江西、湖北等广大地区，以及牛首山、摄山（古称摄山，今栖霞山）、茅山、太和山等名山大川。

在这些日子里，李时珍远离了人间的喧嚣，每日面对巍巍大山、青青悠草，无疑是寂寞的。但他耐得住寂寞，深入实地进行调查，遍访名医宿儒，搜求民间验方，观察并收集药物标本。经过长期的实地调查，他弄清了许多药物的疑难问题，终于完成了我国药物学上的空前巨著《本草纲目》的编写工作，先后历时27年，后被达尔文称赞为是"中国古代的百科全书"。

由此可见，寂寞不是百无聊赖、无所事事，也不是散淡与停滞，更不是所谓的孤独或寂寞。真正的寂寞是一种坚持不凑热闹、不赶时髦、不追风潮、自信而又慷慨地抛洒汗水的生活境况和生存方式。

始终相信自己，不为浮躁世俗所左右，保持一颗沉稳而平和的心，如此耐得住寂寞的人常有着广阔的心灵世界和更精彩的人生。因为，寂寞给了他们思考的空间，寂寞赋予了他们承受的肩膀，寂寞也锤炼了他们坚毅的意志，他们从而沉淀、积蓄而后发。

耐得住寂寞，静中念虑澄澈，见心之真体；闲中气象从容，识心之真机。这是生命真正成熟、人生走向成功的重要标志之一。守得住寂寞不一定都能通向成功，但所有的成功必来自与寂寞奋争的过程。

因此，面对成功路上的寂寞，要相信自己，别软弱、别害怕、别逃避，耐住寂寞，在宁静淡泊中默默耕耘，积蓄力量。每消灭、吸收掉一层寂寞，我们就多一分力量，如此，人生才不会肤浅，精彩方才体现。

第八章 计划一万次,不如行动一次

没有行动，再好的计划也只是一场白日梦。如果你已经有了想法，那么，就赶紧开始吧，不找借口，也不拖延。

行动比想法更重要

多一些行动，便多一些成功的机会。

一个人要想取得成功，不光是靠事先有多么英明的决策，而在于能否以行动将一个好决策如实地执行下去。如果光凭脑子想，永远不付诸行动，那么一切都只是一场空，永远也不会成功。

有这样一则寓言故事。

某个教堂里新养了一只猫，这只猫特别能抓老鼠，老鼠的数量不断减少。后来，老鼠们只好天天躲在洞里，不敢轻易外出。无奈之下，老鼠大王组织召开了一个会议，紧急商讨怎样对付猫吃老鼠的问题。

老鼠们个个都很聪明，想到了很多独特的方法。

有的老鼠建议研究一种毒药，悄悄放到猫的食物里；有的老鼠想出用黄油烫死猫的方法；还有的老鼠提议一起出洞咬死猫……大家各抒己见，可都不是上上策，都不能保证既消灭猫，又自保性命。

这时，一只号称最聪明的老鼠站起来，提议道："猫的武功太高强，强打硬拼我们不是它的对手，不如采取防的办法。我们在猫的脖子上挂个铃铛，这样，以后我们只要听到铃铛的声音，知道猫来了就赶快逃跑，我们就再也不用担心被猫抓到了！"

"好办法，好办法，真是个聪明的主意！"老鼠们欢呼雀跃起来。老鼠大王当即批准了这个方案，并宣布："咱们就按系铃的方案对付猫，现在开始落实。有谁愿意接受这个任务？请主动报名吧。"

等了好久，会场里一片寂静。接着，老老鼠们说："我们老眼昏花、腿脚不灵，最好找个身强体壮的。"而身强体壮的老鼠们说："我们平时要给大家找食物，要是我们被抓去了，你们的处境不是更糟？还是找小老鼠吧，它们机灵，跑得快。"而小老鼠们则纷纷说："我们年轻，没有经验，怎能担当得了如此重任呢？"

结果，老鼠们依然战战兢兢地生活着。

这是一群聪明的老鼠，它们集思广益，制定了给猫系铃铛的好方案，但是却没有一只老鼠愿意去落实这个方案，这样一来，即使方案再完美也没有任何意义，结果它们只好像以前一样战战兢兢地生活，现实丝毫没有改变。

在实际工作中，我们经常能看到这样的人：只会坐而论道，沉迷于文山会海，夸夸其谈，重视制订计划、准备书面材料等案头工作，却什么行动都不采取。

格林是美国著名的成功学家，他在演讲时，时常对观众开玩笑地说，美国最大的快递公司——联邦快递其实是他发明的。格林没有说假话，他的确有过这个主意。

20世纪60年代，年轻的格林刚刚参加工作，他每天都在为如何将文件在限定时间内从美国的一端城市送到另一端城市而苦恼。当时他想，如果有人能够开办一个将重要文件在24小时之内送到任何目的地的服务该有多好。

这个想法在他脑海中停留了好几年，但他没有采取过相关的行动。直到一个名叫弗列德·史密斯的人真的把这种想法转变为实际行动，并取得了成功，格林才后悔莫及。

"这件事情对我是一个深刻的教训，使我明白了有了好的想法就要赶紧采取行动，否则就会与成功失之交臂。"格林说道，"当然，毫无疑问地说，我现在的成功正是不断行动的结果。"

谁都渴望成功，但是成功决不是仅靠计划就可以实现。假如你从来都不付诸行动，那么成功就会投入别人的怀抱，永远弃你而去。有好想法的格林就是因为空有想法，失去了原本可以实现的成功和荣誉。

1个行动大于100个想法。那些成功者之所以能够有一番作为，不仅仅在于他们制订了多么正确、多么完美的计划，更重要的是他们进行了持续而有目的的实际行动，不折不扣地将计划执行了下去。

一家国有企业不幸破产后，被另一家民营集团收购。企业里的人都翘首盼望着新的领导能带来令人耳目一新的管理办法。开工大会上，新领导诚恳地说："一切按照原来的管理制度进行，我只有一个要求，就是把先前制定的制度坚定不移地执行下去，将所有的规章制度执行到位。"结果这家企业的制度没变，机器设备没变，员工也没有变，什么都没有变。令人意想不到的是，不到一年时间，企业就扭亏为盈了。

新领导的绝招是什么？执行，执行到位，只要执行就有成功的机会。

现在就请你回想一下，在每天的工作中、在人生的道路上，你是否因为不敢、不愿执行某项既定的计划而导致原本很好的计划"破产"，进而工作没有取得什么成效？人生没有成就感可言？

记住，行动比想法更重要，多一些行动便多一些成功的机会。如果你渴望在工作中取得某种良好的改变，如果你想在竞争激烈的职场中脱颖而出，那么就培养自己高效的执行力，采取某种现实而有目的的行动吧。

追寻梦的脚步，从不停止

梦想是翅膀，有梦的人生才能远翔。

有这样两个男孩，他们同样是哈佛大学计算机系的高材生，同样的聪明伶俐，同样的勤奋好学，而且都梦想着能够在计算机行业干出一番非凡的成就。只不过，一个敢于追求，另一个谨慎保守。

大学二年级时，第一个男孩对第二个男孩说："我想做出32Bit财务软件，你看怎么样？"

第二个男孩说："我也想，但是我们现在还是学生，各方面的条件还不成熟，凭借什么呢？我想等自己有能力了再去做。"

于是，第一个男孩毅然退学去开发在当时被视为只有大学四年后才有能力做出的32Bit财务软件，第二个男孩则苦苦跟在导师后面努力研习。

几年后，第二个男孩成为了哈佛大学计算机系的硕士研究生，他认为自己终于具备了研发32Bit财务软件的学识。但是，此时第一个男孩已经开发出比32Bit快1500倍的Eip财务软件，并在那一年成为了世界首富。

第一个男孩就是比尔·盖茨。

和比尔·盖茨的这个同学一样，很多人都认为，只有事先有了非常充分的准备后，才有能力去追逐梦想，于是他们被这个理由拖住了追寻梦想的脚步。而比尔·盖茨则足够相信自己，毅然追逐梦想，在实践中早早地实现了自己的目标。

这个故事说明了一个简单的道理：有梦想就要立即去追寻，即使没有充分的准备，即使没有学到足够的知识，即使尚未拥有瞄准目标的技巧和能力，我们依然可以扣动扳机，开枪射击。

事实上，梦想不在于有多遥远，而在于我们是否为了它的实现而采取了行动。当我们拥有梦想并且可以为之努力的时候，就要拿出勇气和行动来，穿过岁月的迷雾，进而让生命展现出别样的色彩。

梦想经不起等待，尤其不能以实现另外一个条件为前提。不少成就一番事业的人往往都是实干家，脚踏实地地去追求梦想，而不是终日靠着梦想安眠，或者大谈特谈自己有多少梦想的空谈家。

安东尼·吉娜是美国纽约百老汇中最年轻、最负盛名的年轻演员，她曾在美国著名的脱口秀节目《快乐说》中讲述了自己的成功之路。

那时候，吉娜就读于大学艺术团，是一名歌剧演员。在一次校际演讲比赛中，她说道："我有一个梦想，那就是大学毕业后做一名歌剧演员，而且我要做纽约百老汇中一名优秀的主角。"

当天下午，吉娜的心理学老师找到她问了一句："我想知道，你今天所说的想去纽约百老汇成为一名优秀的主角是真的吗？"吉娜点了点头。心理学老师尖锐地问："但是，你今天去百老汇跟毕业后去有什么差别？"

吉娜想了想，认为大学生活的确不能帮自己争取到去百老汇的工作机会，她说："我决定一年以后就去百老汇闯荡。"岂料，老师又冷不丁地问她："你现在去跟一年以后去有什么不同吗？"

吉娜苦思冥想了一会儿，对老师说自己下个学期就出发。但是，老师又紧追不舍地问道："你下学期去跟今天去又有什么不一样？"

吉娜有些晕眩了，说下个月就前往百老汇。她以为老师这次应该同意了，但是老师又不依不饶地追问："你觉得，你一个月以后去百老汇跟今天去有什么不同？"

吉娜激动不已，她情不自禁地说："好，给我一个星期的时间准备一下，我就出发。"

老师步步紧逼："所有的生活用品在百老汇都能买到，你一个星期以后去和今天去有什么差别？"终于，吉娜不说话了。

老师又说："百老汇的制片人正在酝酿一部经典剧目，几百名各国艺术家前往去应征主角。我已经帮你订好明天的机票了。"

第二天，吉娜就飞赴到全世界最巅峰的艺术殿堂——美国百老汇，去进行一场百里挑一的艰苦角逐。为了增加自己的优势，吉娜连夜准备了一个表演片段，一路上都在思考如何表现才是最好的方式。

正式面试那天，吉娜是第48个出场。她的表演是如此惟妙惟肖，制片人惊呆了。当吉娜表演完剧目之后，制片人马上通知工作人员结束面试，主角非吉娜莫属。就这样，吉娜顺利地进入了百老汇，穿上了人生中的第一双红舞鞋。

在老师的开导下，一心想成为歌剧主角演员的安东尼·吉娜立即去百老汇应征主角，这正是她成功的机缘。试想，假如安东尼·吉娜等自己毕业之后，学完了所有的知识再去纽约百老汇的话，期间会发生多少事情呢？也许她会因为自己的能力继续延迟实现梦想的脚步，或许她还会因各种事情淡漠了理想的热情，那么她的成功就要改写了。

这正如一个名人所说的一句话："梦想是人生的翅膀，插上了才能够远翔。在人生不同的阶段，会有不同的历练和想法。如果等到所有的条件都成熟才去行动，那么我们也许就要永远等下去了。"

任何东西都无法替代脚踏实地的积极行动。有了梦想，就要相信自己，并立刻去实践。有了积极的行动，我们就有勇气克服所面临的各种困难和险阻；有了积极的行动，我们才有机会看到自己的努力和付出，自然会引发好的结果。

这是一个鼓励做梦的年代，更是一个亟须行动的时代。因此，如果你不满足于现状，希望寻求超越，想要在更广阔的天空中自由搏击的话，在梦想产生的那一时刻，就要有足够的胆量和勇气，相信自己一定能，并有声有色地追逐梦想。

别让犹豫绊住了成功的脚步

有时候，机会便在犹豫不决中悄悄溜走了。

世间最可悲的是那些优柔寡断的人。具有这种特点的人，对待任何事都是举棋不定、犹豫不决，这不仅可以破坏一个人对于自己的信赖，还可以影响他的判断力，更会扰乱他在成功道路上的步伐。

这是因为，每个人的成功都离不开机会的"催化"，但任何一个机会都是稍纵即逝的,成功正是取决于这个关键时刻,此时你一旦犹豫不决,机遇就会与你失之交臂,再也不会重新出现,你就只能两手空空,一无所有,徒伤悲。

通常而言,优柔寡断的人之所以这样,是因为他们不知道事情的结果会怎样——究竟是好是坏、是凶是吉,总是害怕自己会失去什么,害怕自己的一生会失去控制,或者会失去手中的权力等,不敢担负起应负的责任。

下面故事中的杰克就是一个典型的例子。

杰克突然下岗了,他的生活一下子陷入了黑暗之中,整日抑郁不已。有一个朋友来看望杰克,考虑到杰克曾是一家超市的市场监管,便给他指出了一条明路——到工商局去办个执照,租个摊位,做点儿小买卖。

听到朋友的建议时,杰克挺高兴,痛快地答应了。又一想,办了照就得纳税,好不容易赚几个钱都交税了,还不如不办照。到商场租个摊位,摊位费每月也得千儿八百的,一共能赚多少钱啊?不够交摊位费岂不亏了?还不如街头摆地摊。可听人说,街头摆地摊就怕遇上工商、税务、市容突击大检查,那就真是望风而逃,想起那情景够让人害怕的,还是再想想吧……

就这样,杰克已经想了两年多了,还没有做起小买卖,依然处于失业状态。

行动的速度取决于下决心的速度,如果内心一直犹豫不决,行动将犹如一叶漂荡在海中的孤舟,将永远漂泊,永远不能靠岸。对有志者而言,最大的窃贼就是犹豫。

拿破仑一直很忌讳犹豫不决的个性,他曾经说过:"每场战役都有'关键时刻',把握住这一时刻意味着战争的胜利,稍有犹豫就会导致灾难性的结局。"拿破仑之所以能打败奥地利军队,正是因为他懂得"关键时刻"的价值。

无论当前的问题多么严重,多么需要你瞻前顾后、权衡利弊,你也没有必要一直沉浸在优柔寡断之中。假如你染上了这种习性，就应赶紧下大力气去纠正它，进而练习一种敏捷而有决断力的本事。

我们大概都听过"断尾求生"的故事：遭遇敌害的时候，壁虎通常会弄断自己的尾巴，让那条断尾继续摇动，分散敌人的注意力，以便让自己逃脱。如果它犹豫不决的话，那么最终的结果就不是少了条尾巴，很可能是送了命。

能迅速下定坚定决心、立即行动的人，知所取舍，取得所需，也往往如探囊取物。如果社会各阶层、各行各业的团队领导下起决心来都能既坚定又迅速，行动起来也就能雷厉风行。唯有如此，他们才能够取得一定意义上的成功。

太平洋上的珊瑚环礁，是美丽的观光圣地，令海鹰号的水手们心旷神怡。伯爵一面老练地操纵海鹰号，轻灵地避开水下的礁石，一面愉快地和水手们计划在前面的无人岛上来一次烧烤大会，享受美好时光。

水手们一同欢呼起来，也许就是这阵欢呼，惊醒了一个睡在海底的恶魔，它在两千米深的海底已经等待海鹰号很久了。就在这时候，平静的海面忽然发出一阵疯狂的喧嚣，剧烈地震荡起来，一道巨浪腾空而起，从前面直奔毫无戒备的海鹰号。

伯爵惊魂稍定，连忙调整海鹰号的方向，往后行驶，还不忘嘱咐水手们将大部分食物、设备等物资扔出去。但是海浪越逼越近，一道20英尺高的海浪把海鹰号高高抬起，然后重重地将它抛上了礁盘。伯爵马上意识到自己的船已经不可救药——海鹰号的龙骨已经在这一击之下断成了两截。龙骨如同人的脊梁骨属于致命伤，伯爵果断地下令水手们弃船潜水。

要知道，这是一条纵横万里的袭击舰，水手们对它喜爱极了，他们舍不得丢下它，寄希望于海浪过一会儿可以消失。伯爵见此，以严肃的口吻命令道:"准备跳海,立刻、马上!"并率先跳了下去。

　　海鹰号所有的人员都转移到了无人岛,这里虽然无人,但是物产丰富,是饿不死的。而且,幸运的是在这场灾难中,人员无一伤亡。要知道他们遇到的是一次剧烈的海底地震,无一伤亡的战绩既空前也将绝后。

　　在重大问题面前,快速下定决心、采取果断行动的人,往往能够把握好"关键时刻",车到山前必有路。即使他们会犯些小错误,也不会给自己的事业带来致命打击,总比那些犹豫不决、错失良机的人好得多。

　　在该下决定的时候不能够果断地下决定,进而无法展开积极的行动,最后让机会白白溜走,把自己人生的控制权交到别人手中,这种情形的发生太普遍了。知道了这些,你还会犹豫、坐失良机吗?

不要把今天的事情推到明天

　　从今天做起,和拖延说再见,即刻行动起来。

　　"这件事情还是以后再想吧"、"看完这个电影就去学习"、"等明天再写这份报告也不迟"……在要做出抉择或要付出劳动时,你是不是经常这样为自己找出一些借口、安慰,拖延时间做事?

　　其实,拖延更多是人的惰性在作怪,拖延就是纵容惰性,也就是给了惰性机会,很容易消磨人的意志,使人对自己越来越失去信心,使完成某项计划所需的时间加倍,而这又会使我们感到厌倦无聊。

如此,当一个人处于拖延状态之中时,往往就会陷于一种恶性循环,这种恶性循环就是:拖延——低效能+情绪困扰——拖延,可以断定的是,升迁和奖励是决不会降落到这种人身上的,成功也会与之擦肩而过。

有一个古老的寓言故事。

在古老的原始森林,阳光明媚,鸟儿欢快地歌唱、辛勤地劳动,其中有一只寒号鸟,它有着一身漂亮的羽毛和嘹亮的歌喉,它每天到处游荡,炫耀自己的羽毛和嗓子。看到别人辛勤地垒窝,它却不以为然。

好心的鸟儿提醒它说:"寒号鸟,快垒个窝吧,不然冬天来了怎么过呢?"

寒号鸟轻蔑地说:"冬天还早呢,着什么急呢!趁着今天大好时光,快快乐乐地玩玩吧!"

就这样,日复一日,冬天眨眼就到来了。鸟儿们晚上都在自己暖和的窝里安详地休息,而寒号鸟依然没有垒窝,夜间的寒风吹得它瑟瑟发抖,它用美丽的歌喉哀叫道:"哆啰啰,哆啰啰,寒风冻死我,明天就垒窝。"

第二天,太阳出来了,万物苏醒了。沐浴在阳光中,寒号鸟好不惬意,完全忘记了昨天晚上的痛苦,又快乐地唱起歌来。

好心的鸟儿又劝它:"快垒窝吧,不然晚上又要发抖了。"

寒号鸟嘲笑地说:"不会享受的家伙,阳光如此明媚,正是唱歌的好时候,我明天再垒窝也不迟。"

晚上又来临了,寒号鸟又重复着哀叫:"哆啰啰,哆啰啰,寒风冻死我,明天就垒窝。"就这样重复了几个晚上,一场大雪突然降临,鸟儿们奇怪寒号鸟怎么不发出叫声了呢?大家第二天早上一看,才发现寒号鸟早已被冻死了。

寒号鸟的故事虽是一则寓言，但它的确讲明了在人的一生中，今天的行动是多么重要，只是寄希望于明天而不重行动的人，把今天的事情推到明天，明天把事情推到后天，一而再、再而三，最终只会是一事无成。

"一些人的习惯是一直拖延，直到时代超越了他们，结果就被无情地甩到后面去了。"阿莫斯·劳伦斯说，"所有事情的成功秘诀就在于养成凡事立即行动的好习惯，这样才可以站在时代潮流的前列。"

看看那些取得过最佳成绩的人，他们从来不会把事务拖延到一起去集中处理，总是能够和拖延心理说再见，做到今天的事情今天完成，坚持不让今天的事情"过夜"。"要做的事情，马上动手，不要给拖延找借口"，这是众多成功者的亲身经验。

有这样一位英国年轻人，他的工作效率很慢，始终得不到公司的重视和重用，也看不到一点点事业成功的希望，他整个人都快要崩溃了。于是，他决定去请教著名的小说家瓦尔特·司各特。

一天早晨，年轻人来到瓦尔特·司各特家里，他有礼貌地问道："我想请教您，身为一个全球知名的作家，您每天是如何处理好那么多的工作，而且很快就能取得成功的呢？您能不能给我一个明确的答案？"

瓦尔特·司各特并没有回答年轻人的问题，而是友好地问道："年轻人，你完成今天的工作了吗？"年轻人摇摇头："这是早晨，我一天的工作还没有开始呢。"瓦尔特·司各特笑了笑，说道："但是，我已经把今天的工作全部完成了。"

年轻人感到莫名其妙，瓦尔特·司各特解释道："你一定要警惕那种使自己不能按时完成工作的习惯，我指的是拖延的习惯。要做的工作即刻去做，等工作完成后再去休息，千万不要在完成工作之前先去玩乐。如果说我是一位成功者的话，那么我想这就是我成功的原因。"

年轻人茅塞顿开，他回想起自己在工作上拖拖拉拉的行为，拜谢过瓦尔特·司各特后匆匆地离开了。此后，他改变了拖延磨蹭的习惯，要做的工作即刻去做，一年后他成为了这家公司的副总经理。

一日有一日的理想和决断，昨日有昨日的事，今日有今日的事，明日有明日的事。今日的理想、今日的决断，今日就要去做，一定不要拖延到明日，因为明日还有新的理想与新的决断。

从现在开始，好好想想拖延这个问题。你是不是此类人中的一个？你是不是也把事情拖延到最后一分钟才做？如果是的话，那么现在该是面对现实、好好改变的时候了。从今天做起，和拖延说再见，即刻行动起来。

先扫一屋，再扫天下

通往成功的道路向来都是呈螺旋或阶梯式前进的。

有这样一则小故事。

东汉有一个少年名叫陈蕃，独居一室而龌龊不堪。一日，父亲的朋友薛勤来访，见此状，面露不满，问他为何不打扫干净来迎接宾客。陈蕃回答说："大丈夫处世，当扫除天下，安事一屋？"薛勤当即反驳道："一屋不扫，何以扫天下？"

仔细想想，陈蕃之所以不扫屋，无非是胸怀大志，不屑小事而致。然而，欲"扫除天下"之志固然可贵，但一个连最基本的"扫除"动作都不知如何去做的人，从事大事的地基不劳、华而不实，岂不是岌岌可危？

在现实生活中，不乏一些像陈蕃的人，他们总是眼高手低，认为自己价值不凡、能力超群，在人生的规划中总给自己设定在一个形式上的"高位"上，一心只想着做大事，而对小事心不在焉、嗤之以鼻、不屑一顾。

殊不知，一件大事是由很多小事情组成的，很多的小事汇集在一起就是一件大事。没有做好小事的能力，没有了平日踏踏实实的积累，纵然有多么完美的计划，也会导致最后竹篮打水一场空。

所以，无论我们有多么伟大的理想，我们必须要先学会"扫屋"，用实际行动做好"扫屋"这项小工作。只有踏踏实实做人、认认真真工作，才能取得实实在在的成果，进而积累起做大事的资本。

好高骛远、眼高手低，终究只能让自己局限于旧有的捆绑中不得前进；那些取得了较大成就的人，并不是因为一开始便居于高位，也不是他们有一步登天的本领，而是他们懂得行动起来，踏踏实实地从基层干起。

大事是由许多小事组成的，任何一个鸿篇巨制也必定是由一个个词汇组成。通往成功的道路向来都是呈螺旋或阶梯式前进的，只有一步一个脚印地向上攀登，改变的步子才走得稳，成果才站得住。

不要轻视自己所做的每一件事。即便是最普通的、芝麻大的小事，也应全力以赴、踏踏实实地去用实际行动完成。日积月累，积少成多，不知不觉中你会进步不少，相信你的生活也将发生不一样的改变。

第九章 先做对的事情,再把事情做对

要有所成就，就不能一味地埋头苦干。如果你能够及时地抬头看看方向，也许你会发现你所处的是一条弯路。这时，你要做的就是调整方向。

把自己放到正确的位置上

你清楚自己的长处吗？你是否站在了正确的位置上？

在实际工作中，很多人面临过这样一个困惑：同样一份工作，为什么别人做得顺风顺水，自己却步履艰难？在寻找这个问题的答案之前，请你先问问自己："你站在正确的工作位置上了吗？"

何为站在正确的工作位置上？说白了，就是找一个最适合自己、最能发挥自己长处的工作岗位。在这个世界上，人与人之间的差异是非常明显的，工作不是随便找个就行，因为适合别人的并不一定适合你。

许多人都想跻身于成功者之列，可是，如果一个人站的位置不当，用他的短处而不是长处来工作的话，只会在成功路上屡屡摔跤，自信心就会渐渐泯灭，他就会在永久的卑微和失意中沉沦。

为了应对自然界的种种挑战，动物们策划创办一所超级技能学校，以便让所有动物都精通奔跑、爬树、游泳和飞行等生存技能。第一批学员是鸭子、兔子、松鼠以及泥鳅，它们需要学习所有的科目。

鸭子的游泳技能顶呱呱，甚至超过了老师的水平，飞行成绩也不错，只有跑步最差，因此，鸭子每天不得不放弃心爱的游泳项目，腾出时间练习跑步。可鸭子的脚蹼不堪粗糙地面的摩擦，严重受伤，游泳成绩大受影响。

兔子善跑，在刚开学时是班里跑得最快的，但是对游泳感到非常吃力。由于在游泳科目上有太多的作业要做，它不得不整天泡在水里，在无数次补考游泳之后，终于精神失常。

松鼠的爬树成绩一向是班里最出色的，但对飞行科目感到非常沮丧。可是，飞行老师却非要让它反复练习从地面飞到树上，高强度的练习害得松鼠腿部筋肉受伤，结果爬树也成了问题。

学期结束时公布成绩，普通的泥鳅同学由于游泳马马虎虎，跑、跳、爬的成绩一般，还能勉强跳一下，因此，它的总成绩在班里最高。毕业典礼那天，作为全校学员中唯一的毕业生，它在大会上发了言。

……

看到这个故事，你是不是会觉得很滑稽、哑然失笑？这就是美国教育家里维斯博士所写的寓言故事《动物学校》。鸭子本是游泳高手，兔子擅长跑步，松鼠爬树一流，但它们却阴差阳错，站错了位置，鸭子学跑步、兔子习游泳、松鼠练飞翔，结果都成了学校里不合格的学生。

同样的道理，假如你是一个技术型员工，不懂管理，但你却忽略了自身的优势，一心想往行政职务上升迁，那么即使你在这方面付出再多的努力，进步也是非常慢的，很难得到领导的提拔。即使你真的有幸被提拔为管理人员，你的能力也很难适应新岗位，做不出理想的业绩，迟早会退下来。

由此可见，积极进取是一件好事，但是前提是要先找到你的最佳位置，也就是说要找到那个最适合自己、最能发挥自己长处的工作岗位。因为只有这样，你才能充分地发挥自己的优势和潜力，把想做的事情做到极致。

一位著名的教授指出，通向成功的道路有许多条，在不同领域、不同行业，人们取得成功所需要的才能和智慧是不一样的。许多成功者的成功秘诀正是先站对了位置，充分发挥了自己的优势。

鞋子合不合脚，只有自己才知道。要找准自己的最佳位置，更多的时候还要靠自我发现。不过，由于这需要对自身的性格、个人能力、专业技能、思维能力等进行全面考虑清楚，往往需要长时间地摸索和尝试。奥运会金牌得主，著名的美国跳水运动员格里格·洛加尼斯的事例就能说明这一点。

格里格·洛加尼斯小时候是一个非常害羞的男孩，又有点儿口吃，他在阅读与讲话方面不尽如人意，还曾被归入学校最差学生的行列。为此，他经常受到同伴的嘲笑和作弄，这令他心里很不愉快。

不过，洛加尼斯是一个聪明的人，通过一段时间的思考后，他知道自己的天赋在运动方面，而不是学习。认清这点后，他减轻了一些自责，并决心集中精力到自己的特长上，展现自己的运动天分。由于自身的天赋和努力，洛加尼斯果然开始在各种体育比赛中崭露头角，赢得了老师和同学的尊重。

后来，在一位前奥运会跳水冠军的指点下，洛加尼斯接受了跳水专业训练。经过长期的努力，他终于在跳水方面取得了骄人的成绩：16岁成为美国奥运会代表团成员；28岁时已获得六个世界冠军、三枚奥运会奖牌、三个世界杯和许多其他奖项；1987年作为世界最佳运动员获得欧文斯奖，达到了运动员荣誉的顶峰。

若在学习上与别人竞争，过许多年也不过是个普普通通的学生，洛加尼斯认识到了这一点，他开始留意自己的长处，把精力放在找自己的核心竞争力所在，并扬长避短，凭借自身的优势，最终获得了成功的人生。

承认某一条路不适合自己，这是痛苦的，需要有点儿勇气，但倘若一生都不敢正视它，跟跟跄跄地走在自己完全不适合的路上，那不更痛苦吗？要知道，好钢用在刀刃上，才能发挥其最为锋利的特性，其价值才能得到最大的体现。

无论在职场也好，商界也罢，先站对位置，保证自己最大限度地发挥长处。当你为之努力时，你就可以比较轻松地做出一番成就，找到自信和成就的感觉，获得众人的认可和欣赏，相信你的道路会越走越宽阔。

现在就想一想，你清楚自己的长处吗？你是否站在了正确的位置上？

工作的方向不能偏离

无论做什么事情，如果方向错了，越努力就会离成功越来越远。

有两只蚂蚁想翻越一段墙，寻找墙那头的食物。

一只蚂蚁来到墙脚就毫不犹豫地向上爬去，可是当它爬到大半时，就由于劳累、疲倦而跌落下来。可是它不气馁，一次次跌下来之后，又迅速地调整一下自己，重新开始向上爬去，周而复始。

与这只忙碌的蚂蚁不同，另一只蚂蚁看似很"懒"，它在墙周围到处闲逛，观察了一段时间后，它决定绕过墙去。很快地，这只蚂蚁绕过墙来到食物前，开始悠闲地享受起食物来，而第一只蚂蚁仍在不停的跌落中重新开始。

第一只蚂蚁毫不气馁的勇气值得我们借鉴，但是另一只偷闲的"懒"蚂蚁却启迪我们：停下来想想，寻找一个更好的解决问题的方法远比勤奋更能赢得成功的垂青，很多时候方法比勤奋更重要。

做事情也是如此，如果方向错了，做了不该做的事情，只会让我们白忙一场，加快速度也只能是错上加错，离成功越来越远；如果方向正确，即使走得慢也能做出成效，一步一步靠近成功。

在职场常有这样的情况发生：有的人工作很勤奋，每天都忙个不停，但是由于工作方向不正确，效率很低，还常常加班加点来完成工作，工作绩效平平；有的人工作方向正确，能用较少的时间完成工作，绩效相当好，平时很少加班。

这是一个重视过程与结果的年代，或许你的刻苦努力会赢得别人的认可和支持，但是长期下来，由于获得的结果始终不佳，你的努力几乎都是白费，恐怕失去的不止是成功，还有别人的信赖，想成功便难上加难。

殊不知，方向比努力重要。方向是茫茫森林里的指南针，指引着人们按时到达目的地；方向是漫漫黑夜里的光亮，指引着我们走出复杂的八阵图。那些成功者之所以取得成功正是因为他们找准了做事的方向，少了无用的忙碌，多了有效的行为。关于这一点，"康师傅"之父魏应行的成功给了我们很大的启示。

"康师傅"的老板并不姓康，而是来自中国台湾顶新集团的魏应行。他1988年到大陆创业，先后推出"清香食用油"、"康莱蛋酥卷"和另外一种蓖麻油产品，并大肆地做电视广告，虽然广告深入人心，但由于当时大多数人的消费水平尚在温饱阶段，所以这些高级产品滞销，均以失败告终。

到1991年，魏应行带来的1.5亿元新台币血本无归，他只好放弃投资大陆的计划，收拾行李返回台湾。在火车上，由于不习惯火车上的饮食，他自带了两箱方便面，没想到这些在岛内非常普通的方便面引起了同车旅客的极大兴趣，有人甚至围观询问何处可以买到。

魏应行马上敏锐地捕捉到了这个市场的巨大需求，把握了主流方向。当时内地生产的方便面很便宜，但是质量很差，多为散装；国外进口的方便面质量好，但是五六块钱一碗，相对于当时大多数人的消费水平来说太贵了。魏应行汲取了以前方向错误的教训，决定生产一种物美价廉的方便面，根据内地消费者的消费能力，把售价定在1.98元人民币。

方便面生产线投产后，魏应行又开始考虑方便面的营销问题。经过深思熟虑之后，他根据内地人的喜好，决定使用一个笑呵呵、很有福相、很有亲和力的胖厨师形象，即后来的"康师傅"品牌。

1992年8月21日，"康师傅"第一碗红烧牛肉面诞生，亲切的形象、适合国人的口味，加上1.98元一包的价格，使得"康师傅"几乎一问世便被大众接受和喜爱，并掀起一阵抢购狂潮，成为了方便面的品牌代名词。

魏应行之所以能够取得成功，正是他认识到了"清香食用油"、"康莱蛋酥卷"等产品超出了当时大陆人的消费水平，犯了方向性的错误。调整方向后，他开始致力于物美价廉的方便面，方向对了，"康师傅"品牌的成功也就在情理之中。

无独有偶，比尔·盖茨一直很重视方向的重要性。

从20世纪80年代起，比尔·盖茨每年都要进行两次为期一周的"闭关修炼"。在这一周的时间里，他会把自己关在太平洋西北岸的一处临水别墅中，闭门谢客，拒绝与包括自己家人在内的任何人见面。

通过"闭关"使自己处于完全的封闭状态，比尔·盖茨完全脱离日常事务的烦扰，静心思考公司的发展方向，好让整个微软公司和他自己都能忙在点子上。正是因为此，微软成为IT业的"大哥"、全球最大的电脑软件提供商。

不管什么时候，勤勉和努力固不可少，但方向更重要。我们一定不能像老黄牛一样埋头拼命拉车，而要在"百忙"之中偷偷"懒"，抬头看看方向。方向正确，才能避免走弯路，才能做正确的事，才更有资本向成功奋进。

问题到底是什么

找到问题的根源，才能解决好每一件事情。

面对问题，人们常有的第一反应就是巴不得立即解决问题。这样的想法无可厚非，但是，如果连自己真正面对的问题是什么，通过解决这个问题将获得什么都无法确定或是没有想清楚，那无疑是操之过急了，结果往往是眉毛胡子一把抓，事事落空，即使事情能做成，也要付出太多的时间和精力。

俗话说"药到病除"，把问题看透的重要性就好比医生给病人诊病，只有把病因看准、看透，找到症结所在，才能对症下药，才能药到病除，才能避免头痛医头、脚痛医脚式的毫无效果的瞎忙碌，不至于拖延病情。

这正如著名的人力资源培训专家吴甘霖博士所说："要解决问题，首先要对问题进行正确界定，弄清了'问题到底是什么'就等于找准了应该瞄准的'靶心'。否则，要么劳而无功，要么南辕北辙。"

与此相反，有的人不管遇到多棘手的问题，都坚持先找准问题的根源，能够以最快的速度抓住问题的要点，并采取相应的手段，这样，再棘手的问题也能很快解决。自然，他们也就比别人更容易取得成功。

有这样一个故事。

多年前，美国华盛顿的杰斐逊纪念堂前的石头腐蚀得厉害，这使得维护人员大伤脑筋，而且也引起了游客们的纷纷抱怨。按照一般人的思路，解决问题的办法就是更换石头，但这样做需要花费一大笔钱。

这时，有一个管理人员开始思考：

石头为什么会被腐蚀？原因是维护人员过于频繁地清洁石头。

为什么频繁地清洁石头？因为那些经常光临纪念堂的鸽子在石头上留下了太多的粪便。

鸽子们为何喜欢来这里？因为这里有大量的蜘蛛可供它们觅食。

为什么这里会有这么多的蜘蛛？因为蜘蛛是被大量的飞蛾吸引过来的。

那么，为什么这里会有大量的飞蛾？原来，大群飞蛾是黄昏时被纪念堂的灯光吸引过来的。

通过不断地发问，真正的原因被找到了。之后，管理人员推迟了开灯的时间。这样一来，没有了灯光，飞蛾就少了；飞蛾少了，蜘蛛就少了；蜘蛛少了，鸽子就少了；鸽子少了，粪便就少了；粪便少了，石头就不用频繁地清洗，自然也不会被严重腐蚀了。

这位管理人员寻找"为什么"花了很多时间，但是却找到了纪念堂的灯光是石头腐蚀的真正原因，他通过推迟开灯的时间这样一个小小的举措，不但更好地解决了问题，还节省了一大笔开支。

试想，如果管理人员选择了更换石头的行动方案，灯光不变，飞蛾不会少，蜘蛛不会少，鸽子不会少，粪便自然也就不会少，那么石头只会继续被腐蚀下去，因为没有找到石头之所以腐蚀的真正原因所在，因此问题只能被掩盖。

这个故事向我们揭示了一个深刻的道理：一个人，要想成功地处理某个问题，一条最重要的定律就是必须知道问题的关键点何在，找到问题的根源，这也是我们成就每一件事情的至关重要的决定因素。

因此，遇到问题的时候，我们不要想着如何在第一时间内解决问题，而要善于发现问题、认识问题、分析问题。正确地认识到问题的所在，我们也就找到了解决问题的最好办法，成功自然水到渠成。

第一次就把事情做对

你要记住，没有人愿意为我们的失误二次埋单。

"第一次就把事情做对！"

这是质量管理大师菲利浦·克劳士比振聋发聩的宣言，也是他"零缺陷"理论的精髓之一。实际上，这句话不仅仅是一句激励士气的口号及企业最经济的经营之道，而且是我们每一个人最经济的成功之道。

所谓第一次就把事情做对，是指一次就做到符合要求。它并不是说人不可以犯错误，而是指对待所做的事情必须认真负责、一丝不苟，对错误"不害怕、不接受、不放过"，保证第一次就做对的决心和态度。

也许，有人会说第一次没有做好，我还可以做第二次、第三次。是的，第一次没有做好时，可以做第二次，甚至是第三次，但是你想过没有，那样既浪费时间又浪费精力，而且社会竞争激烈，哪有那么多的下一次。

的确，第一次没把事情做对，接下来你就有可能陷入不停改错的恶性循环之中，特别是当你急着改错时，很有可能会忙中出新错，这样一来，恶性循环的死结就越缠越紧、错误越来越大，又何谈成功？

像这样的事情几乎每天都在发生：工作失误要花时间来修正，产品质量出现问题要花时间来返工，技术不过关要靠培训来弥补。因为第一次就没有把事情做对而产生的问题，一次又一次地浪费着我们宝贵的时间和精力。

在这个讲究效益的社会，第一次就把事情做对，没有差错，时间、金钱和精力的耗费就可以避免，就是创造效益。代价最小，收益最大，这无疑是最高效的做事方法，也是每个人能够成功的最有力武器。

某四方机车分厂曾经生产过一个产品，就是火车上的小挂钩，但刚开始时产品的销量非常不好。眼看厂子的经济效益越来越不好，厂长一直想不出好的解决办法，只好请一位商界朋友指点迷津。

朋友到了厂子后，跟着工作人员们实地考察了几天，还亲自到铁路局那里去了解客户们到底有什么需要。客户们说得非常清楚而简单："我们其实没有别的要求，只要你们的小挂钩安在火车上，火车马上就可以跑了，多拉快跑，就这么简单！"

后来，朋友给厂长提出了改进意见："第一次把工作做好就行了。"

厂长不解，朋友解释道："你们现在用的是传统管理方式和生产方式，在厂子里面做好了挂钩，然后运到客户那里进行安装。而客户安装时常常发现挂钩不是大了就是小了，根本安不上去。这样你们只好拿回挂钩，又让工程技术人员修补、打磨，这一拖就是一个星期，有时甚至半个月、一个月。如此几次之后，客户还会买你们的产品吗？"

听取了朋友的建议，厂长在车间最醒目的位置上挂了一幅巨幅标语——"第一次就把事情做对"。生产前他们会派专门的技术人员实地测量客户所需挂钩的大小，然后在流水线上严格把关挂钩的大小，保证一次就安装成功。

由于即安即用、质量可靠，这家工厂的挂钩成功打开了销量，还成了业内的畅销品牌、质量名牌。以至于到了后来，有人要想买到他们的挂钩产品，居然要找领导批条子才可以。

如此看来，与其不断地解决因没有把事情一次性做对而产生的各种问题，还不如一开始就不要心存"还有下一次"的侥幸心理，然后想怎样一次就把事情做对，把事情做到最好、做到极致，杜绝一丝一毫的疏忽。

如果你有能力，很努力，个人成就却远远落后于他人，迟迟拉不住成功的手，不要疑惑上帝为何对人不公，不要抱怨自己被人忽视，也不要感叹自己韶华虚度、一事无成，你应该好好地问问自己：

我是如何认识到了"第一次就把事情做对"这一理念？

我是否一开始就想着怎样把事情做对？是否存在某种侥幸心理？

在工作中，我有没有去践行"第一次就把事情做对"这一理念？

……

如果答案是否定的，那么这就是你无法取胜的主要原因。

良好的开端等于成功的一半，每件事必须第一次就做对，没有人愿意为我们的失误二次埋单。第一次就把事情做对，用最少的物质、时间和精力去投入，获得更大的产出，我们才不会让自己输在起跑线上。

总之，第一次就把事情做对，我们的做事质量才能不断提高，做事效率才能不断提升，自我价值才能得到更完美的体现，进而进入更成功的领域。"第一次就把事情做对！"这是一句值得我们每个人一生追求的格言。

做对自己该做的事

高效地管理时间，把 80% 的时间花在能出关键效益的 20% 的事情上。

金钱可以被储蓄，知识可以被累积，时间却是不能被保留的，也是非常有限的，我们必须有管理时间的观念，控制好时间的钟摆。唯有如此，我们才能摆脱忙碌紧张的状态，有更多的时间做对的事情。

在实际生活中，我们经常看到有些人"两眼一睁，忙到熄灯"，整天忙得不可开交，像是陷入了忙碌的旋涡之中，但是事情却不见得有什么大成效。仔细分析，究其原因，不懂时间管理是主要原因。

美国时间管理之父阿兰·拉金说："勤劳不一定有好报，要学会掌控你的时间。"掌握时间的钟摆，首先要明确工作的主次。不分轻重缓急地工作，把时间用在没有多大意义的事情上是浪费时间的首要原因。

我们先来看一个例子。

著名的设计师安德鲁·伯利蒂奥曾经是一个疲于奔命的工作狂。

每天，他把大量的时间用在设计和研究上，除此之外，他还负责公司很多方面的事务。他风尘仆仆地从一个地方赶到另一个地方，不放心任何人，每一件工作都要自己亲自参与才放心，所以他看起来忙碌极了。

"为什么你整天忙得晕头转向？"有人问。

安德鲁无奈地说："因为我管的事情太多了，而我的时间又太少了。"

时间长了，安德鲁的设计受到了很大影响，常常到最后关头才拿出作品，并且因为时间紧张，作品的质量常常不尽如人意，更别提取得令人骄傲的成绩了。安德鲁对此很不解，便去请教一位教授。

教授给出的答案是："你大可不必那样忙。管理好你的时间，做对你的事情就行！"

就是这句话，给了安德鲁很大的启发，他在一瞬间醒悟了。他突然发现自己虽然整天都在忙，但能做出真正有价值的事情实在是太少了。这样做实在一点儿好处也没有，反而会制约目标的实现。

从此，安德鲁调整了时间分配，他洒脱地把那些无关紧要的小事交给助手，自己则把时间集中用在设计工作上。不久，他写出了《建筑学四书》，此书在建筑界很有名。他成功了！

对每个渴望成功的人来说，时间是最重要的资产，每一分、每一秒逝去之后再也不会回来，成功的关键在于如何掌控自己的时间节奏，高效地运用每时每刻。学会有效地管理时间，才能保证做事的效率。这就涉及到管理学上的"二八法则"，即意大利经济学家帕累托所提出的80/20法则，即要把80%的时间花在能出关键效益的20%的工作上。掌握了这个法则，自然就能忙到点子上，忙出高效来，进而缔造成功。

管理顾问瑞克希就是一个出色的时间管理者，他总是能够高效地利用自己的时间，坚持用80%的时间做20%的事，他能十分轻松地获得成功。让我们来看看他是如何做的，相信能够得到不少的启示。

瑞克希并不是工作狂，他消遥自在、业绩斐然。

瑞克希的手上从未同时有三件以上的急事，通常一次只有一件，其他的则暂时摆在一旁，而且他会把大部分时间拿来思索那些最具价值的工作，比如公司的总体发展规划、年度工作任务、行业发展前景等。

瑞克希只参加重要客户的会议，拜访一些重要的顾客，然后，把所有精力拿来思考如何实现与重要客户的交易，以及公司如何能够获得最大利益，接下来再安排用最少人力达成此目的。

瑞克希把产品的知识传授给下属，时常会观察谁是公司某项工作最合适的执行者，对象确定后，他会将该下属叫到办公室，讲述他对每一个人的要求，让他们放手去做，自己做的只是时常盯一盯工作的进度。

瑞克希的事例告诉我们，那些做事高效的人不会像老黄牛那样只知道一味地做事情，而是懂得把有限的时间放在最重要的事情上，利用有限的时间创造出最大的价值。一个人的价值大了，成功的资本也就强大了。

因此，你若想取得一定程度上的成功，就要学会控制好时间的钟摆，把80%的时间花在能出关键效益的20%的事情上，进而摆脱忙碌紧张的状态，使事情高效有序地得到落实，成为高效做事的受益者。

第十章 不断地超越与奋战,你就是赢家

当你无所畏惧，能不断地去挑战，去超越时，就没有什么能够阻挡你。而当你这样做的时候，你就已经开始不断地收获。

学会冒险，告别怯懦

高风险，意味着高回报。

在通往成功的道路上，没有一条途径是平坦的。在面对各种困难和挑战的时候，有些人害怕危险，不敢冒险、小心谨慎，他们不是考虑怎样发挥自己的潜力，而是把注意力集中在怎样才能缩小自己的损失上，不敢去做哪怕是一点点的尝试。

不冒风险、求稳怕乱、平平稳稳地过一辈子，虽然可靠，虽然平静，虽然可以保住一个"比上不足，比下有余"的人生，但又会葬送一个人原本无穷的潜能，这岂不是无聊而悲哀的失败人生？

殊不知，风险与回报向来不会过于失衡，"高风险，意味着高回报"，是算计风险，还是逃避机会，这决定了我们是否能有别于过去；同时，也是我们能否改头换面、开创崭新未来的关键所在。

那些在任何领域都能成为领袖的人物，他们之所以有与众不同的魅力，之所以能够成为顶尖人物，并不在于他们掌握了多少理论，也不在于他们发现了多少机遇，而是由于他们相信自己，勇于面对风险之事。

1976年，雅各布·巴尔克斯在美国马萨诸塞州创办了阿德尔化学公司，随后推出了一种通用型家用清洗剂——莱斯特尔洗涤剂，把生意扩展到了零售市场。产品一问世，巴尔克斯就采用了报纸、广播为其做广告。

但令人失望的是，莱斯特尔洗涤剂的市场营销是失败的，阿德尔公司50万美元的营业额在整个市场中只占了一个微小的份额。巴尔克斯又想到了电视广告，他决定选择晚上六点以前、十点以后做广告。他是这样认为的：连续几个月，每天都在晚间节目里播出莱斯特尔洗涤剂的广告节目，城里的每个人迟早都会看到它。同时，还会拥有一批十分熟悉莱斯特尔洗涤剂广告信息的晚间节目观众。

当时，阿德尔化学公司的其他人一致表示了反对，建议巴尔克斯选择在黄金时间做广告。因为电视宣传主要是由黄金时间的广告节目构成的，只有肯花巨资购买黄金时间段做广告，才能取得良好的宣传效果。

"广告一定要在黄金时段播出"，这是传播业的"金科玉律"，在其他时间能否收到一定的传播效果，巴尔克斯对此也没有多大的把握，毕竟他不能控制观众在哪段时间看电视。但是考虑到费用昂贵的黄金时间段和阿德尔公司有限的财力，他鼓足勇气，决定大胆地赌一把，毅然地集中财力同公司所在地的霍利约克电视台签订了一个一万美元的合同，为期一年，在每周30次非黄金时间内高密度地大做莱斯特尔洗涤剂的广告。

出人意料的是，广告连续播出两个月后，莱斯特尔洗涤剂在霍利约克市场上的销量大幅度上升。

看到非黄金时间的电视广告起了如此好的效果，巴尔克斯又大胆地实行了一个想法，把非黄金时间电视广告大战从点推向面，在曼彻斯特、波特兰、普罗维登斯等一些中型城市里展开了高密度闪电式的非黄金时间电视广告宣传，并将战线从东扩大至西部、南加州，最后建立起了庞大的销售系统。

四年的时间里，巴尔克斯在非黄金时间所做的广告宣传总量遥遥领先于诸如可口可乐等多年雄居广告榜首的大公司，被美国广告界称为"不可思议的电视年",莱斯特尔家用洗涤剂的销售额高达2200万美元。

就这样,对莱斯特尔洗涤剂进行的高风险的广告宣传赢得了高额的回报,这也激发了其他竞争者,他们纷纷效仿巴尔克斯已经成功运用过的广告模式,在非黄金时间里做起了高密度饱和式的广告宣传,"广告一定要在黄金时段播出"这一传播业的"金科玉律"被彻底颠覆了。

成功并不是携带着和风细雨而来的,更多的时候是"山雨欲来风满楼"。往往,在我们行动之初,甚至连自己都不清楚是否能够成功时,如果我们能够相信自己,勇气会帮助我们战胜懦弱、恐惧,从而成就许多事情。

对于此,美国传奇式人物、拳击教练达马托曾经一语道破:"英雄和懦夫都会有恐惧,但英雄和懦夫对恐惧的反应却大相径庭。"这"敢"与"不敢"之间的差别,产生了成败两种截然相反的局面。

因此,如果你想做一个成功者,就要用勇气代替懦弱和恐惧,用主动出击替换等待和退缩,即使是在近百种"不可能"的情况中,也要敢于冒险、勇于大胆创造,从而获得成功的力量。当然,这需要审时度势后的谋略做后盾。

没有退路，才会有出路

不给自己留退路，将自己处于险境，置之死地而后生。

在前进的道路上，许多人已经习惯先为自己琢磨好退路，并且认为这是一种智者的行为。毕竟未雨绸缪，万一事情做失败了，也不致太被动、太难堪，总还有个保底的台子接着。

不可否认，事先为自己留好退路可以减少失败的心理压力，但人都有惰性，战胜不了身心的倦怠，抵御不住世俗的诱惑。留有后路，势必会削弱奋斗的冲劲儿，在困难面前退却、妥协，如此，退路便变成了成功路上的绊脚石。

正因为此，大多数勇敢的成功者认为给自己留好退路是弱者的行为，意味着从一开始便对自己和自己的前景缺乏信心。不给自己留退路，将自己置于险境，逼着自己成功，这是许多明智者的共同选择。

中国古代军事家孙武曾说"置之死地而后生"，这句话被历代兵家政客奉为行事箴言。的确，在这句话的指引下，项羽横渡漳河大败秦国30万人马，李靖孤战伏俟城横扫吐谷浑，从而开启了一代英雄的伟大人生旅程。

为什么会出现这种情况呢？这是因为，人的潜力是有弹性的，往往当遇到困难时，不给自己留后路是一种决绝的积极，对生活的态度越积极、对人生的挑战越勇敢，就越能找到最佳的心态和定位，拥有更强的力量。

在现实生活中，或许没有后路的境况更加实在。当命运赋予我们无力承受的委屈和苦楚，以致没有第二个选择的时候，这就给了自己一个向生命高地冲锋的机会，给了自己一个成为强者的机会。

不给自己留后路，就是无条件地相信自己，也就是给自己增加成功的砝码。正如一句话所说："没有一件事比尽力而为更能满足你，也只有这个时候你才会发挥出最好的能力。这会给你带来一种特殊的权利，以及一种自我超越的胜利。"

俗话说，置之死地而后生，没有退路，才会有出路。因此，不要再顾此失彼，勇敢一点儿、果断一点儿，别给自己留退路，让自己全力以赴、坚定不移地朝着定下的目标迈进吧。这样奋斗了，结果就是离成功越来越近了。

面对竞争，不逃避

没有对手，自己就不会强大。

激烈的竞争在当代社会随处可见，每一个人都难免会遇到对手，面临竞争的挑战，利益上你追我赶，荣誉面前你争我抢，此时大多数人的内心平衡被打破，会对竞争对手产生怨恨、畏惧、逃避等消极心理。

事实上，这是一种非常狭隘的思维方式。这是因为，竞争所给予我们的，不仅仅是危机和斗争，它还是一剂强心针、一部推进器、一个加力挡，能够激发我们谋取成功和求胜之心的动力。

我们先来看一则故事。

为了吸引更多的游客，动物园从遥远的美洲引进了一只剑齿豹。据说，这种剑齿豹非常的勇猛凶悍，它们一天能够捕捉三只羚羊，而其他的美洲豹纵使拼命使劲儿，一天也只能捕捉一只羚羊。

为了能够让这只"远方贵客"吃好玩儿好，动物园的管理员们每天为剑齿豹准备了精美的饭食，还特意开辟了一个不小的场地供它活动。可这么好的生活条件，剑齿豹不但不感兴趣，还始终闷闷不乐，整天无精打采。

动物园的管理员以为，可能是剑齿豹对新环境不大适应，过一段时间就好了。谁知道两个月后，剑齿豹还是老样子，它甚至连饭菜都不吃了，奄奄一息。这下园长着急了，连忙请来兽医多方诊治，可是没发现剑齿豹有任何毛病。

就在这时有人提议，不如在剑齿豹生活的领域放几只老虎，或许能让剑齿豹打起精神来。原来人们无意间发现，每当有运送老虎的车辆经过时，剑齿豹就会站起来怒目相向、严阵以待。这个办法果然很有效，剑齿豹很快就恢复了往日的活力。

从这个故事中，我们得知大自然的法则是"物竞天择，适者生存"。没有竞争，就没有发展；没有对手，自己就不会强大。正是竞争的存在，推动了我们的前进；正是对手的存在，催化了我们的成功。

的确，一个人如果没有对手，又缺乏上进心，那他就会甘于平庸，变得懒惰，最终庸碌无为；一个群体如果没有竞争对手，就会丧失活力、丧失生机；一个行业如果没有对手，丧失了竞争的意志，就会因为安于现状而逐步走向衰亡。

因此，我们不应该消极地排斥对手，而应该积极地面对对手，主动参与到竞争中去。此时，对手会促使着我们不能退缩、不能松懈，时刻抱有无穷的动力，我们必然能激发出自己的最大潜力，进而彰显出最优秀的自己。

众所周知，林肯是美国历史上最有影响力、最杰出的统治者，他无疑是一个优秀的成功者。之所以成功，除了林肯自身卓越的领导能力之外，与他重视、欣赏萨蒙·蔡斯这个有力的竞争者也有很大的关系。

1860年，林肯当选为总统之后，决定任命参议员萨蒙·蔡斯为财政部长。当他把这一想法告诉参议员们时，一片哗然，许多人都表示了强烈的反对。林肯疑惑地问："萨蒙·蔡斯是一个非常优秀的人，你们为什么反对他成为我们之中的一员呢？"

参议员们的回答是："萨蒙·蔡斯是一个狂妄自大的家伙，他狂热地追求最高上司权，一心想入主白宫。而且，私底下他甚至认为自己要比你伟大得多。"

林肯笑着问道："哦，那你们还知道有谁认为自己比我要伟大的？"

这些人不知道林肯为什么要这样问。

林肯解释说："如果你们知道有谁认为他比我伟大，你们要及时告诉我，因为我想把他们全都收入我的内阁。"

最后，林肯还是任命萨蒙·蔡斯为财政部长。事实证明，蔡斯是一个大能人，在财政预算与宏观调控方面很有一套。但是，对权力的崇拜使他对林肯一直很不满，并时刻准备着把林肯"挤"下台。

林肯的朋友纷纷劝说林肯最好免去蔡斯的职务，但林肯轻轻地笑了笑，表示自己对蔡斯满怀感激之情，是不可能罢免他的。朋友们对这样的说法难以理解，于是，林肯就讲了这样一个故事：

207

"有一次，我和我兄弟在肯塔基老家犁玉米地，我吆马，他扶犁。这匹马很懒，但有一段时间它却在地里跑得飞快，连我这双长腿都差点儿追不上它。到了地头，我发现有一只很大的马蝇叮在它身上，我随手就把马蝇打落了。我兄弟问我为什么要打落它，我说我不忍心看着这匹马那样被咬。我兄弟说：'哎呀，正是这家伙才使马跑得快呢。'"

然后，林肯意味深长地说："现在有一只叫'总统欲'的马蝇正叮着我，我会时刻提醒自己不能松懈，要不断地向前跑，努力做好自己的工作。否则，我就会被别人所替代，这也正是我能做好工作的主要原因。"

由此可见，对于一个想干出一番事业的人来说，他们会将竞争当作自己不断努力的动力，无所畏惧地参与竞争，积极地迎接对手的挑战。也正是因为此，他们才得以不断地成长和强大，为成功打好了坚实的基础。

面对竞争对手时，最好的做法就是相信自己，敢于迎接挑战、积极备战。唯有如此，我们才能不断得到进步和成长，生命也才会更精彩。信守这个道理，你就会是最大的赢家。

最能依靠的人是你自己

放弃依赖，你就可以主宰自己命运的沉浮。

有一句俗语是不少人耳熟能详的："在家靠父母，出门靠朋友。"诚然，人生在世，总要或多或少地依靠来自自身以外的各种帮助：父母的养育、师长的教诲、朋友的关爱、社会的鼓励……

然而，"在家靠父母，出门靠朋友"的"靠"，已经远远超出和大大脱离了一个人需要外部力量帮助这种正常之"靠"，而演变成"唯父母和朋友是靠"的依赖心埋，把自己立身社会的希望完全寄托在父母和朋友的身上。

这种想法是错误的。这是因为，没有什么比依靠他人的习惯更能破坏独立自主了。如果我们一味地依赖他人只会导致自己懦弱，将永远坚强不起来。这正如爱默生所说："坐在舒适软垫上的人最容易睡去。"

更何况，现在的竞争如此激烈，在人生的不同阶段都需要拥有与之相适应的自立精神，这是当代人立足社会的根本基础，而一个缺乏独立自主个性和自立能力的人，连自己都管不了，还能谈发展和成功吗？

因而，如果你想做一个幸运的成功者，那么即使你的家庭环境所提供的条件再差，你也不能总是依赖别人，把一切希望都寄托在别人身上，而要勇敢地抛弃身边的每一根拐杖，以平生之力练就自立自行的能力。

当一个人完全依靠自己、没有任何外部援助的处境是最有意义的，此时最能激发出一个人身上最重要的东西,他就会尽最大的努力,以最坚韧不拔的毅力去奋斗,结果他会发现:自己可以主宰自己命运的沉浮。

罗纳尔松大学毕业时,他的父亲已经是德国很有名气的电器商人了。父亲知道如果让罗纳尔松一开始就和自己在一起工作的话,在自己的溺爱和庇护下,罗纳尔松估计事事会想着依赖自己,指望自己的帮助,这样下去是不会有什么出息的。

于是,父亲没有直接给罗纳尔松安排工作,而是这样告诉他:"你自己去找一份合适的工作吧,什么人都不会帮你,包括我。这个月我还会给你生活费,但是这是最后一个月,以后你要自己养活自己。"

听到父亲这样说,原本以为一毕业就能就业的罗纳尔松很是失望。但是,父亲的态度很坚决,他只好和其他同学一样出入各大招聘会,不停地投简历、面试……最后,罗纳尔松被一家名不见经传的小电器厂录取了。

想到父亲不再支付生活费,而自己挣不到钱就要面临饿肚子的困境,罗纳尔松从最底层的零件打磨、组装等工作做起,遇到什么问题都虚心地向工人们请教,就连看门的老头儿也成了他业务闲聊的伙伴,他有什么问题都喜欢和老头儿探讨,罗纳尔松因此受益匪浅。

这样没过几年,罗纳尔松便对电器行业的人事、产品及其流通、销售等情况了如指掌。凭借出色的工作表现和踏踏实实的工作态度,罗纳尔松受到了厂子的重用,他被提拔为副经理,将公司发展得越来越好,几乎要赶超他的父亲了。

郑板桥曾经说过:"滴自己的汗,吃自己的饭。自己的事,自己干。靠天靠地靠祖上,不算是好汉。"这虽然算不上做人的金科玉律,但却阐释了一个铁律:千靠万靠,不如自靠。天地万物之间,最能依靠的人是你自己。

日本著名企业家松下幸之助曾经说过这样一段话："狮子故意把自己的小狮子推到深谷，让它从危险中挣扎求生，这个气魄太大了。虽然这种作风太严格，然而，在这种严格的考验之下，小狮子在以后的生命过程中才不会泄气。在一次又一次地跌落山涧之后，它拼命地、认真地、一步步地爬起来。它自己从深谷爬起来的时候，才会体会到'不依靠别人，凭自己的力量前进'的可贵，狮子的雄壮便是这样养成的。"

正所谓"天生我材必有用"，人来到这个世界，都有各自的使命，唯有独自面对生命中的磨难，才能展现生命的精彩。从来不等着别人拉扯一把，自强、自立、自尊的人才能够真正成就大事，打开成功之门。

当你踏上人生征途时，路就已在你脚下延伸，勇于抛开自己身边的拐杖，学会一个人坚强地去面对人生中的暴风雨，这是对自身能力的一种发掘和超越。相信，我们会日益坚强，距离成功也会越来越近。

在自省中蜕变

反省自我，要求的是"反求诸己"。

每个人都不是完美无缺、十全十美的，总会有个性上的缺陷、智慧上的不足。没有人能保证自己每一件事都做得对、都不犯错误，重要的是，你以什么样的态度对待自己的过失、不足和错误。

很多时候，似乎人人都"长于责人，拙于责己"，说错话、做错事、得罪人的时候，往往不愿意、不善于从自己身上找原因，总是认为自己说的、做的都是对的、都是有道理的，而一味地抱怨别人。

殊不知，"君子博学而日参省乎已，则知明之行无过矣"。唯有"反求诸己"，反省自己的行为，时时剖析自己，知道自己不善之处方能不断改善自己、提高自己。因此，反省是一个人走向成熟与成功的必经之路。

不过，反省自我，要求的是"反求诸己"，是寻找自己的缺点或者做得不好的地方，这犹如用锋利的手术刀解剖自己，毫无疑问是痛苦的，这也正是人们之所以不敢反省的主要原因。

鉴于此，你要想赢得事业上的成功和人生的辉煌，就应当改变对自省的恐惧心理，学着勇敢一点儿，在工作和生活中时常自省，并养成善于自省的好习惯，然后不断改正，做更加完美的自己，以完美的态度去做事。

英国著名小说家狄更斯的作品是非常出色的，他的主要作品《匹克威克外传》、《雾都孤儿》、《双城记》、《老古玩店》、《艰难时世》、《我们共同的朋友》等均受到了读者热烈的追捧。他的成功秘诀便是自省。

在写作过程中，狄更斯对自己有一个规定，那就是没有认真检查过的内容，绝不轻易地读给公众听。每天，他会把写好的内容读一遍，然后去发现问题，不断改正；作品写完后还要花上一段时间不断修改。

直到最后定稿，这一过程往往需要花费几个月甚至几年的时间。但是，正是这种不断自我反省、自我修正的态度，使狄更斯形成了独特的写作风格，他的作品笔墨精雅深奥、结构简练完美、悬念重重又富有创造性的探索。

自我反省是一次检阅自己的机会，是一次重新认识自己的机会，更是一次提升自己的机会，是自我修养的最高境界。是选择消极地逃避，还是积极地自省，将在很大程度上影响一个人的前途和命运。

日本"保险行销之神"原一平每天晚上八点进行反省，并将之列入每天的计划，把反省当成每天的工作，最终摘取了日本保险行业"销售之王"的桂冠。谈及自己的成功，他这样总结道："如果每个人都能把自我反省提前几十年，便有50%的人可能让自己成为一名了不起的人。"

华为集团总裁任正非也是一个很注重自我反省的人，正是受他的影响，华为集团也因此充满了自省意识和危机意识，最终在日益激烈的竞争中跟上时代的步伐，实现快速转型，获得机遇和成功。

华为集团是一家全球领先的电信解决方案供应商，在军人出身的任正非总裁的带领下，华为在业界演绎了一幕幕传奇，缔造出了一个个神话。任正非所提倡的企业文化之一便是自省。

唯有反省才能进步，一个人不管失去多少，只要还能够自我反省，就没有完全失败。不仅要在逆境中反省，还要在顺境时反省，只有这样，才能在不断地探索中获得进步，在不断地改过中得以提升，在不断地总结中得到指引。

需要注意的是，不仅要对负面的东西进行自省，有时候对正面的东西也需要加以总结巩固。正如邓小平同志指出："过去的错误是我们的财富，过去的成功也是我们的财富。"概括为一句话就是，错则改之，对则勉之。

为此，你不妨在每天结束工作时，先简单记录工作过程，然后着重从工作态度、做事方法、工作进程入手，好好问自己下面这些问题：

"我是否有偷懒的行为？是否尽了全力？有无浪费时间？"

"今天所做的事情，处理是否得当？是否说过不当的话？是否做过损害别人的事？"

"我今天做了多少事情？有无完成既定目标？有无进步？今天我到底学到些什么？"

"哪些方面下次我是可以改善的？怎么样做有可能会出现更好的结果？"

……

坚持这样做下去，像天天洗脸、天天扫地那样天天自省，找到自己的缺点或者做得不好的地方，然后不断改正自我、不断挑战自我、不断超越自我，实现完美蜕变。如此，也就再没有什么可以阻挡你得到圆满的成功了。

借他人之镜，看清自己

良药苦口利于病，忠言逆耳利于行。

古人云："金无足赤，人无完人；人非圣贤，孰能无过？"任何人都有可能自觉或不自觉地犯错误。但大多数人都不愿意被批评，也很难以积极的态度对待批评，反而会竭力为自己辩解，甚至暴跳如雷、寻衅回击。

为何人们大多会害怕被批评？从心理学上讲，这是因为批评就如有个人拿着镜子在你面前，使你不得不面对自己的一些缺点或弱点，而人的本性又是趋利避害的。

但是，从另一个角度来看，当别人拿着镜子在我们面前的时候，是愿意让我们看清自己，希望我们改正缺点，是真心地为我们好。谁都知道"多栽花，少栽刺"的道理，可见，批评一个人是需要很大勇气、冒很大风险的。

因此，面对批评，我们要诚恳地接受。俗话说"良药苦口利于病，忠言逆耳利于行"，是说有病就要吃药，而吃药就不能怕苦。苦味虽不受人欢迎，只要对身体健康有好处，就不能拒绝它。

接受批评，是每一个人成长进步不可或缺的重要素质。凡是那些取得过成功的人，都是虚心接受别人批评、笑对别人批评的人。他们会平心静气地听取别人的批评，分析之后，觉得是对的便诚恳地接受批评，这不仅会赢得别人的尊敬和欣赏，而且还将促进自己的成长进步。

金无足赤，人无完人，无论你是小人物还是大人物，不管你是失败者还是成功者，都难免会犯各种各样的错误，既然如此，遭遇别人的批评时，大大方方、坦坦荡荡地承认自己的错误并不是什么丢面子的事情。

有这样一个年轻人，他身高只有 1.45 米，是一家保险公司的推销员，虽然他工作很勤奋，但由于签不下保单，收入少得可怜，甚至连房子都租不起了，每天还要看尽人们的脸色，他觉得生活苦闷无比。

一天，年轻人来到一家公司向经理介绍投保的好处。

经理很有耐心地听他把话讲完，然后平静地说："听完你的介绍之后，丝毫引不起我投保的意愿。你要想签下保单，一定要具备一种强烈吸引对方的魅力，如果做不到这一点，将来就不会有什么前途可言……"

从公司出来，年轻人一路思索着经理的话，若有所悟。如何才能提高自己的魅力呢？接下来，他组织了专门针对自己的"批评会"，请同事或客户吃饭，目的是让他们指出自己的缺点。

"你的个性太急躁了，常常沉不住气……"

"你有些自以为是，往往听不进别人的意见……"

"你面对的是形形色色的人，必须有丰富的知识，所以必须加强进修，以便能和客户找到共同的话题，拉近彼此之间的距离。"

年轻人把这些可贵的逆耳忠言一一记录下来，并且对照着逐一改正自己的缺点。每一次把自己身上的缺点一点点改正后，他就有一种被剥了一层皮的感觉，感觉自己就像获得了新生一样。

随着时光的流逝，年轻人悄悄地蜕变着，到了1959年，他的销售业绩荣膺全日本之最，并从1948年起，连续15年保持全日本销售量第一的好成绩。这个年轻人就是被称为日本最伟大推销员的原一平。

原一平的成功，关键在于他不仅能够诚恳地接受批评、真诚地承认自己的不足或错误，他还热烈地欢迎别人批评自己，并把批评的压力变成继续前进的动力，不断地改进自己的个人魅力和工作能力。

明智的人都欢迎批评，如唐太宗之所以能缔造出中国历史上最强大、最值得骄傲的伟大帝国大唐盛世，在很大程度上离不开他能接受谏臣魏征的批评。如果他不能接受批评，而像秦始皇一样焚书坑儒去排斥批评，或许只会步秦灭之后尘。

总之，不要害怕或拒绝别人的批评，而是要以温暖的微笑面对批评我们的人，感谢他们愿意免费把镜子借给我们，让我们看清自身的一些缺点或弱点，重新评估自己的价值，并且不断地完善自我。

成功唯一的敌人是自己

"人一生要战胜的敌人就是自己。"

——高尔基

弱点埋藏在每个人的灵魂深处,面对弱点,一般人无信心、无志气、无毅力,或者是躲避它,或者是仇视它,结果是没能从人性弱点的包围圈中抽身出来,让弱点束缚了自己的手脚,羁绊了自己的思路,阻碍了自己的前进。

类似于"败给弱点"的情形在现实中比比皆是。力拔山兮气盖世的西楚霸王项羽,因为刚愎自用,最终败给了刘邦;北宋皇帝徽宗赵佶,因贪图享乐、浮华侈靡、疏于治国,最终遭遇靖康之难……

对此,美国新思想运动的代表人物弗兰克·哈多克在自己的经典之作《意志力决定成败》中强调:"意志力是身体的统帅,能够让人生到处都充满奇迹。但是,如果不能够去战胜并克服有害于意志力的弱点,我们就不能随时坚定意志,来做一些让我们的人生具备高尚价值的事。"

其实,这并不难理解。一个人要战胜别人并不难,往往只需要付出比对方更多的努力即可。然而,勇于挑战自己的弱点并战而胜之,不断地超越自己,才真正是人生最大的挑战。

成功的唯一敌人就是你自己,改变命运首先需要战胜自身的弱点。大凡成功者都能认识到这一点,所以他们不惧怕、不逃避弱点,相反他们会采取各种聪明的方法去克服弱点、战胜弱点。

美国石油大亨保罗·盖蒂特别能抽烟，没有一根烟叼在口中他就感觉浑身不自在。一次，他在一个小城的旅馆过夜，很快进入梦乡。清晨两点钟，他醒了，想抽一根烟，不料烟盒是空的。而此时，旅馆的餐厅、酒吧早关门了，唯一能够得到香烟的办法是穿上衣服走出去，到几条街外的火车站去。

越没烟，想抽的欲望就越大，有烟瘾的人大概都有这种体验。很快，盖蒂穿好了衣服准备出门，就在那一刹那，他突然停住了，他问自己："我这是在干什么？竟要在三更半夜离开旅馆，走过几条街，仅仅为了得到一支烟。我是一个知识分子，而且是一个相当成功的商人，一个自以为有足够的理智对别人下命令的人，为何竟然如此懦弱，让一支烟主宰自己？而自己对这个懦弱的自我，竟然只有屈膝投降吗？"

如此一来，盖蒂的心灵受到震撼，他下定决心不再出去买烟，于是他换上睡衣回到床上，带着一种解脱甚至是胜利的感觉酣然入睡。在这件事情后，他突然觉得戒烟并不是难事，很快就戒掉烟了。

以坚强的意志战胜了曾经懦弱的自己，保罗·盖蒂将这次成功戒烟的经历称为自己人生中最大的一次胜利。一个能战胜自己的人还有什么不能战胜呢？因此，盖蒂的生意越做越好，成为世界顶尖富豪之一。

由此可见，弱点并不可怕，也不是根深蒂固的，只要你积极地去正视它，并战而胜之，就意味着你战胜了自己这个最大的敌人，一个能战胜自己的人还有什么不能战胜呢？你还有什么不能做到的呢？

这正如高尔基曾多次提到的："人一生要战胜的敌人就是自己。"认清自己的弱点重要，战胜自己的弱点更重要。战胜自己头脑里的敌人比战胜外在的敌人要难很多倍,而一旦战胜,你将所向无敌。

翻阅无数成功人士的奋斗经历不难发现:成功的过程恰恰是克服自身弱点的过程。例如,希区柯克和卡夫卡经常要和懦弱焦虑的性格特点做斗争,最后他们都找到了最适合自己的方向,摘取了电影和文学艺术殿堂上的桂冠;苏格拉底、伏尔泰曾经为失败自暴自弃,可后来他们战胜自己,走出低谷,在学术领域大放光芒。

总之,弱点就像是一个弹簧,你强它就弱,你弱它就强。畏惧它、臣服于它,你就会一败涂地;勇敢一点儿,正视它、降服它,你就会无所畏惧,命运就会向你所期望的方向转变。如何做就看你自己了。

第十一章 不放弃,一种『相信我能』的力量

被击倒并非最糟糕的失败,放弃尝试才是真正的失败。相信自己,永不放弃。最后的成功,只因为你相信它。

不可轻言放弃的是努力

成功的秘诀是努力、努力、再努力。

在由失败通往胜利的征途上有条河,那条河叫放弃;在由失败通往胜利的征途上有座桥,那座桥叫努力。有所不为,才能有所为。人生有很多可以放弃的东西,但千万不可轻言放弃的是努力。

有这样一个实验。

实验人员将一只最凶猛的鲨鱼和一群热带鱼放在同一个池子里,然后用强化玻璃隔开。实验人员每天都放一些热带鱼在池子里,鲨鱼并不缺少猎物,但是它总想品尝对面的美味,每天仍是不断地冲撞那块玻璃。然而这只是徒劳,它每次都用尽全力,但每次总是弄得伤痕累累,始终不能游到对面去。

后来,鲨鱼放弃了努力,不再冲撞那块玻璃了,对那些斑斓的热带鱼也不再在意,好像它们只是墙上会动的壁画。更有趣的是,当实验人员将玻璃隔板抽出来之后,鲨鱼也不再尝试去吃热带鱼了,放弃了已经可以达到目的的努力。

实验中,鲨鱼知道玻璃会将自己弄得伤痕累累,于是就心生胆怯,放弃了努力。即使玻璃后来被实验者拿开了,它都不敢再去做哪怕是一点点的努力,还陷入了东躲西藏的状态,注定难以吃到美味的热带鱼。

每个人都渴望成功,然而在通往成功的路上,挫折、困难、失败是在所难免的,此时,我们不应该像鲨鱼一样被眼前的困境所蒙蔽,早早放弃努力,而是应该高瞻远瞩、相信自己,告诉自己:"努力、再努力!不能放弃!决不能放弃!"

其实,人只要不放弃努力,任何事情都会有转机的。那些在人生中成就辉煌的人,无不坚信这一点。工作或生活中遇到困难时,他们不是放弃努力,坐等奇迹出现,而是不放弃努力,并想办法改变危局。

海耶士·钟士是1960年跨栏比赛的风云人物,他赢得了一场又一场的比赛,打破了许多纪录,轰动一时。他顺理成章地被选为参加当年在罗马举行的奥运会的选手,参加110米跨栏比赛,全世界都认为他能赢得金牌。但是,出乎意料,他并没有得到金牌,只取得了第三名。

这当然是个极大的挫折。在外人看来,海耶士·钟士已经赢得所有其他比赛的跨栏冠军,何必再受四年更艰苦的训练?唯一合理的出路是退出比赛,开始在其他事业上寻求发展,这是非常合乎逻辑的,但是海耶士·钟士却不安于这种想法。

"对自己一生追求的东西,"海耶士·钟士说,"你不能够说放弃就放弃,要付诸持之以恒的努力。"因此,他又投入到了艰苦的训练之中,一天三小时,从不间断。在尔后几年里,他又在60米和70米跨栏项目上创造了一些新纪录。

1964年2月22日,在纽约麦迪逊广场花园,已经到退役年龄的海耶士·钟士要参加一场60米跨栏赛,这是他最后一次参加比赛,大家都很紧张地看着他。他赢了,刷新了自己以前所创的最高纪录。海耶士·钟士走回跑道,真诚地答谢观众的欢呼，七万名观众都起立致敬，流下了感动的眼泪。

海耶士·钟士之所以能够改变自己事业的危局，再一次创造跨栏项目上的新纪录，赢得七万名观众的热烈欢呼和起立致敬，正是因为他在极大的挫折面前没有说放弃就放弃，而是付诸持之以恒的努力。

当你处于人生低谷的时候，你要时刻提醒自己坚持不懈地去努力，就像你从未遇到过挫折一样，努力、努力、再努力。凭借毅力和行动去追求自己期望的目标，你必然可以得到自己想要的。

跨越苦难，迈向成功

困难存在于我们生活的每个角落，我们要用积极的态度勇敢地迎上去，如果见到困难就知难而退、轻易放弃，那么我们这一生就不用做其他事情了，就只能落荒而逃了，又何谈成功呢？

一个人生活在世界上，总会遇到这样或那样的困难，此时有些人会表现出一副畏畏缩缩、敷衍了事的姿态。他们认为，解决困难是一件费心费力的事情，而且付出一番心血也无法解决困难，岂不是浪费时间和精力？

但是，困难存在于我们生活的每个角落，如果见到困难就知难而退、轻易放弃，困难能自行消失吗？就算别人帮你解决了困难，那么，下次再遇到同样的问题的时候，你还要继续做"鸵鸟"吗？

事实上，阻碍我们行动的往往是心理上的障碍和思想中的顽石，而不是事情本来有多么困难。困难就是纸老虎，我们不怕它时，它就怕我们。在困难面前，只有先相信自己能战胜它，才有可能真的战胜它。

很多人总是等待"奇迹"的出现，希望得到高报酬，希望得到老板的赏识，这当然是好的，可是一碰到困难就担心自己克服不了，害怕自己受到伤害，总是尽量绕圈子，或者希望别人来解决困难，这样的人能得到重用吗？答案可想而知。

牛慧和刘彤彤是大学同学，毕业以后两人同时进入一家国有企业做客服工作，主要负责与公司客户进行日常的电话沟通、记录客户投诉的基本情况，以及解决一些简单的客户投诉等问题。

由于客户的投诉多是抱怨，牛慧觉得耐心地对客户解释问题是一项很麻烦的事情，而且很多时候讲了半天客户还是不明白，于是她接电话时总是不冷不热，或者干脆就把问题推到销售部或管理部那里。

刘彤彤则不一样，她对客户的投诉总是热情相待，遇到刁难的客户，她也会想方设法地去处理，总之是自己能解决的就解决。虽然一开始的时候也很有挑战性，不过随着一个个问题的解决，她的工作能力大大提高了。

一段时间后，有客户将投诉电话打到了经理办公室，投诉牛慧工作能力差，不能快速、准确地解决他们的问题。经理担心牛慧影响公司业务的开展，便找了一个理由将她解雇了，而刘彤彤凭借着众多客户对她的一致好评，受到了经理的重用。

雪莱说过："如果你过分珍爱自己的羽毛，不使它受一点儿损伤，那么你将失去两只翅膀，永远不再能够凌空飞翔。"我们若想获得成功，就要勇敢承受生命中的困难，只有解决掉成功道路上的所有困难，我们才能摘取成功的花朵。

有位IT界的成功人士说过："我把困难当成通往成功的阶梯，每当困难被我踩在脚下，成功就离我更近一步。"放眼望去，那些春风得意、叱咤风云之人，哪个不是克服困难、解决问题的高手？

19世纪初，人们开始使用煤气灯，但是煤气靠管道供给，一但漏气或堵塞，非常容易出事，人们对于照明的改革的愿望，十分殷切。于是，伟大的发明家爱迪生先生为自己订定了一个艰巨的任务：除了改良照明之外，还要创造一套供电的系统。

爱迪生和梦罗园的伙伴们，不眠不休地做了1600多次耐热材料和600多种植物纤维的实验，才制造出第一个炭丝灯泡，可以一次燃烧45个钟头。后来他在这基础上不断改良制造的方法，终于推出可以点燃1200小时的钨丝灯泡。

有很多事情看起来都很困难或不可能解决，但是只要我们勇敢、积极地面对困难，下定决心并付诸行动的时候，会发现它们就像"纸老虎"一样被轻易戳破，如此我们就能清理掉前进道路上的"绊脚石"。

总之，困难不是洪水猛兽，不要再恐惧艰难险阻，不要把困难扩大化，抱着"困难就是纸老虎"的态度，不被眼前的困难吓倒，才能跨越一个又一个的苦难。战胜的困难越多，你就会越成熟、越有成就感。

以微笑面对挫折，与成功亲密相拥

"生活总是让我们遍体鳞伤，但到后来，那些受伤的地方一定会变成我们最强壮的地方。"

——海明威

人生之路并非像飞机场一样平坦，也并非像开满山花的小路一样迷人。在前进的道路上，每个人不可避免地会遇到各种各样的挫折，遭遇"山重水复疑无路"的逆境，这时候，你会如何做呢？会选择放弃吗？

没有经历过风雨洗礼的天空永远不会出现彩虹，没有经历过风吹日晒的禾苗永远结不出饱满的果实，没有经历过挫折的雄鹰永远不能高飞……一个人如果没有遇到过任何挫折，又如何能获得成长呢？

要明白，真正能检验一个人能力和素质的便是挫折，看挫折能否唤起他更多的勇气；看挫折能否使他更加努力；看挫折能否使他发现新力量、挖掘潜力；看他经历挫折以后是更加坚强还是就此心灰意冷。

一家大公司要招聘五名职员，经过一段时间的面试、笔试，公司从众多应聘者中选出了五名佼佼者。发榜这天，一个青年见榜上没有自己的名字，悲恸欲绝，回到家中便要服毒自尽，幸好亲人及时发现将他救下。

正当青年悲伤之时，突然又得知自己被那家公司录用了。原来，青年的面试和笔试成绩均名列前茅，只是由于那家公司的一台计算机出现了错误，使他的总成绩减少了30分，才导致落选。

青年大喜过望，但是正当他欣喜地准备正式上班之时，公司又传来消息：他被公司除名了。原因很简单，公司的老板认为："如此小的挫折都经受不了，这样的人肯定在公司里干不成什么大事。"

人生之路并非一条坦途，我们时不时会撞上难以冲破的藩篱。面对挫折，有一个基本原则可用，而且永远适用：不轻易放弃。因为放弃很可能导致彻底的失败，放弃会留下无尽的悔恨与遗憾。

在无数次的挫折面前，如果我们能够以坦然的心态面对，不哀怨、不放弃，并将挫折化为前进的动力，或许就会逆转"山重水复疑无路"的逆境，几经奋斗之后，就会迎来"柳暗花明又一村"的顺境。

莎莉·拉菲尔是美国著名的电台广播员、美国电台主持业的顶尖级大红人。然而，或许谁也没想到，在她三十多年的职业生涯中，曾经先后被辞退过18次，相信她的故事对我们每个人都会有一定的启迪作用。

刚开始时，拉菲尔来到波多黎各，她多么希望自己能有好运气的陪伴。但是由于美国大部分无线电台认为女性广播员无法吸引听众，所以，拉菲尔找了几家电台居然没有一家愿意雇用她的。

后来，经过二番五次地努力，拉菲尔好不容易在纽约的一家电台谋求到一份差事，不久又被辞退了，辞退的理由是她跟不上时代。此后几年，虽然拉菲尔一直不停地找工作，但是她同时也在不停地被辞退，甚至有的电台指责她根本就不清楚主持是什么。

但是，拉菲尔并没有因此而灰心丧气、自暴自弃，而是总结了自己受挫的教训之后，又向国家广播公司电台推销她的节目构想。电台虽然勉强答应了下来，但提出要她先在政治台主持节目。

由于对政治知之甚少，拉菲尔曾一度犹豫，但经过深思熟虑，她终于坚定了信心，决定去大胆地尝试。适逢 7 月 4 日国庆节来临，拉菲尔充分利用自己的长处和平易近人的作风，大谈国庆节对她有何种意义，还请观众打电话畅谈他们的感受。很多听众立刻对这个节目产生了浓厚的兴趣，拉菲尔也因此一举成名。

如今，拉菲尔已经成为自办电视节目的主持人，并且曾两度获得重要的主持人奖项。在总结自己三十多年职业生涯的经历时，拉菲尔不无感慨地说："我被人辞退 18 次，本来可能被这些挫折所吓退，做不成我想做的事情。可结果正相反，我让它们鞭策我勇往直前地向成功迈进！"

海明威曾说："生活总是让我们遍体鳞伤，但到后来，那些受伤的地方一定会变成我们最强壮的地方。"正在经历的挫折或许正孕育着未来的希望，过去的创伤或许正是我们应对生存危机的力量。

明白了这些，我们就会认识到，挫折与成功一样对我们无比重要。所以，面临或遭遇挫折的时候，我们要始终如一地相信自己，千万不能为此轻言放弃，也无须让自己沉浸在悲伤之中，这才是下一步积极奋进的开始。

接下来，以微笑面对挫折，运用自己的智慧和力量去与挫折抗争，让它磨炼你的技巧、提高你的勇气、考验你的耐心、培养你的能力，相信你将会变得越来越优秀，进而与成功亲密相拥。

不服输的人生，不会输

成功的人不是从未被击倒过，而是在被击倒后还能够爬起来。

伟大和平庸之间常常只有一步之遥，成功者和失败者的人生历程其实是一样的，唯一不同的是，成功者永不认输，跌倒了爬起来，再跌倒了再爬起来；而失败者一下子摔倒之后便放弃了，再也爬不起来。

殊不知，人生下来不是为了被打败的。一个人可以被毁灭，但不可以被打败。跌倒并不可怕，只要决心和毅力不倒，敢于从跌倒处站起来，斗志一次比一次更强大，那么一切都有东山再起的可能。

作为开国皇帝，和李世民、朱元璋等人相比，刘邦在军事上的才略算是普通的。但刘邦从不认输，屡战屡败、屡败屡战，为汉民族的形成与发展作出了不可磨灭的贡献，为后世树立了值得称颂的典范。

刘邦曾数次败于项羽，而且打败仗后还很危险。有一次在敌兵追逼之下，刘邦差点儿丢了性命，还有一次是由于别人替死才幸免于难。鸿门宴上若非项羽大发妇人之仁，刘邦早已命丧黄泉。

总之，在楚汉相争的动荡年代，刘邦留给人们的印象就是：一直在挨打、一直在逃跑，就连孩子老婆都顾不上，几次沦为项羽的人质。在项羽巨大英雄身影的笼罩下，刘邦显得是那样的卑微可怜。

然而，刘邦不认输，他承受住了屡战屡败的打击，反而激起了更大的斗志。正是因为此，在与强敌的殊死较量中，刘邦才成功地实现了自我超越，最终垓下一战，将项羽置于四面楚歌的困境，使之自刎让江山。

成功的人不是从未被击倒过，而是在被击倒后还能够相信自己，永远不认输，积极地往成功之路不断迈进。这也才是能够在不断突破中实现自我的人生态度，也才能把荆棘小路铺就成一条鲜花大道。

西部"牛仔大王"李维斯的西部发迹史充满坎坷、充满传奇。他的致胜"法宝"是每当遭受打击时永不认输，并且兴奋地对自己说："太棒了！这样的事竟然发生在我的身上，又给了我一次成长的机会。"

当年，他像许多年轻人一样，带着梦想前往西部追赶淘金热潮，岂料一条大河挡住了去路。苦等数日，被阻隔的行人越来越多，但都无法过河，人们怨声一片，陆续开始打道回府。难道自己也要认输吗？不！既然大家都被大河挡住了去路，我何不摆渡呢？很快李维斯因摆渡获得了人生的第一笔财富。

由于到西部的时间比较晚，好的地方已经被先来者占据。李维斯好不容易找到一处合适的地方，刚准备开始淘金，便有恶汉走过来跟他争抢地盘。他刚理论几句，那伙人便失去耐心，一顿拳打脚踢。

没有了好的地盘，淘金的希望太渺茫了，这样下去什么都不会得到，难道回家吗？想到这里，李维斯犹豫了一下，随即对自己说："不！不！不能这样就认输。"看到淘金者们时常忍受没有水喝的痛苦样子，一个念头在他脑中一闪而过："卖水！"

李维斯没日没夜地挖水渠，从百里之外将河水引入水池，然后，将水装进水桶里开始卖水。一时间，排队买水喝的人挤破了头，喝够了还要买回去储存起来一些。水总是供不应求，生意红红火火。

慢慢地，有人开始参与卖水的新行业了。再后来，卖水的人已越来越多，这样李维斯的生意很快就不景气了。这次，他依然没有认输，他看到淘金人成天在野外挖矿，裤子极易磨破，于是他收集了一些废弃的帆布帐篷，将其缝制成了裤子，这种裤子的布料很厚很结实，不容易磨破，非常受欢迎，这就是牛仔裤的发明。

遇到了失意乃至失败的时候，不要总强调"我已经失败了"，而是像积极思维大王李维斯一样永不认输，并且对自己的潜意识说一句："太棒了！这样的事竟然发生在我的身上，又给了我一次成长的机会。"如此，披荆斩棘的勇气逐渐增强了，每一次失败都将变成对我们意志和恒心的考验和提升，失败就不会是定局。

失败了，也要毅然站起来

"只有在逆境中挣扎过、奋斗过的人才可以说无愧于人生。"

——华罗庚

对大多数人而言，最糟糕的事情莫过于品尝失败的滋味了。但是，失败可谓是我们的"必修课"：第一次学走路，迈出的第一步是摔倒；第一次参加比赛，以没有入围而终；第一次创业，却以破产告终……每一个人都体会过失败中的痛苦与挣扎。

面对失败，有些人除了哭泣、抱怨、悔恨和惋惜外，相当长一段时间内都难以从失败的心理阴影中解脱出来，变得一蹶不振，结果不知不觉地重复着失败的老路，也许将永远没有重新开始的机会。

戴尔·卡耐基的事业刚起步的时候，在密苏里州举办了一个成年人教育班，并且陆续在各大城市开设了分部。他花了很多钱做广告宣传，房租、日常用品等办公开销也很大，但一段时间后，他发现付出数月的辛苦劳动竟然连一分钱都没有赚到。

卡耐基很是苦恼地向家人借钱处理了一些善后的事情后，便整天待在家里不再外出。因为他害怕别人用同情、怀疑，抑或是幸灾乐祸的眼神看自己。他整日闷闷不乐、神情恍惚，无法将事业继续下去。

这种状态持续了很长一段时间后,他找到了老师乔治·约翰逊。"失败有什么?不过是从头再来!"老师的一句话犹如晴天霹雳,卡耐基的苦恼顿时消失,精神也振作起来,他走出了家门并继续致力于人性问题的研究。

经过一段时间的努力,卡耐基开创并发展出一套独特的融演讲、推销、为人处世、智能开发于一体的成人教育方式,成为美国著名的企业家、教育家和演讲口才艺术家,被誉为"成人教育之父"、"20世纪最伟大的成功学大师",他的著作《沟通的艺术》、《人性的弱点》以及《卡耐基人际关系学》等出版后,立即风靡全球,被誉为"人类出版史上的奇迹"。

失败并不可耻,你可以败在经验、技巧上,但决不能败在意志上。谁也不能把你打倒,能打倒你的只有你自己。那些聪明人在失败之后会马上总结教训,并不断告诫自己下次决不会犯此类错误,从头再来。

失败后,能够毅然地站起来,重整旗鼓、从头再来,这样的人是自信的、最棒的,他们能够将失败当作是成功路上的垫脚石,从而带领自己一步步走出败局,最终赢得成功,正所谓"失败是成功之母"。

最伟大的发明家托马斯·爱迪生,对于失败有着自己独特的理解。他说:"每个人或多或少都经历过失败,因而失败是一件十分正常的事情。你想要取得成功,就必得以失败为阶梯。换言之,成功包含着失败。"

在发明电灯的过程中,爱迪生所遇到的困难是要寻找到灯丝的材料。在研制白炽灯时,爱迪生尝试了上千种材料,均告失败。有人嘲笑他说:

"你永远不会成功。"爱迪生不为所动,他将每一次失败都视为从头开始的机会。

为此,爱迪生几乎把所有的精力都投入在了试验上,他一共花费了15年的时间,大约经过五万次的试验,写成试验笔记一百五十多本,可是,1914年12月的一个晚上,工厂突然失火了,爱迪生的实验室被烧得干干净净。

看到实验室化为灰烬之后,爱迪生难免一阵心痛,毕竟这是他大半辈子的心血,但爱迪生对安慰自己的朋友们表示感谢,然后轻轻地对大家说:"没错,这场大火的确把我的成果给烧光了,不过同时它把我的错误也烧光了,现在我要重新开始。"

无论多少次失败,爱迪生都将之视为从头开始的机会。终于,他成功研制出世界上第一只电灯,给全世界带来了光明。爱迪生也因此被誉为"光明之父"、"现实中的普罗米修斯"、"发明大王",他的名字熠熠生辉地烙印在史册上,盛名流传至今。

真正的勇士,敢于直面淋漓的鲜血和惨淡的人生。华罗庚曾说过:"只有在逆境中挣扎过、奋斗过的人才可以说无愧于人生。"失败是一个不断否认与肯定、不断修正和蜕变的过程。从头再来,是我们应该具备的精神。

遭遇失败,不要再整日忧心忡忡,不要总强调"我已经失败了",而是要更多地扪心自问"我学到了什么"、"我下一步应该干什么"等,每一次失败都可以作为考验和提升自身价值的机会。

其实,面对失败时的心态很简单。人生不是你死我活的战场,不必怀着不成功则成仁的决绝。

　　失败不是什么大不了的事情，从现在开始，重新拾取你的信心，把失败当作垫脚石，纠正从前的不良习惯，勇敢地向自己挑战吧。如此不给自己负重，既是最简单也是离成功最近的方式。

第十二章 成功，是坚持开出来的花朵

没有历经寒冬蛰伏的等待,哪能欣赏到遍野的春暖花开?成功,是不放弃的坚持,是无所畏惧的等待。

成功，是坚持开出来的花朵

没有人会知道下一秒将发生什么，但坚持下去就有可能出现奇迹。

你可能常常怨恨自己技不如人、一事无成，但你想过其中的原因吗？静下心，回顾一下自己的历程，问问自己你坚持了吗？换句话说，你是不是存在这样的缺点：没有坚持做某件事情，时常半途而废？

成功是个慢动作，半途而废往往难取"真经"，只有坚持才能成功。那些成功者之所以能够取得成功，关键就在于他们懂得坚持。这正如法国的巴斯德曾说："告诉你使我达到目标的奥秘吧，我唯一的力量就是坚持精神。"

古人云："骐骥一跃，不能十步；驽马十驾，功在不舍。"坚持是解决一切困难的钥匙，它可以使人抓住一切成功的机遇，即使只有万分之一的希望。坚持之于成功，就像水之于鱼，缺之不可。

苏格拉底是古希腊著名哲学家，有不少学生曾经拜师于他。一天，苏格拉底要求他的学生们每天甩臂300下。学生们全都爽快地答应了，因为他们觉得这么简单的事任何人都能做到。

一个月后，苏格拉底问他的学生："每天甩臂300下，哪些同学做到了？"有90%以上的学生骄傲地把手举了起来。两个月后，当苏格拉底再次提及这个问题时，举手的学生减少到了80%。一年以后，当苏格拉底再次提及这个问题时，结果只有一个学生孤零零地把手举了起来，这个学生叫柏拉图，他后来成了古希腊一位伟大的哲学家。

这个故事告诉我们，坚持说起来很轻松，但真正做起来却是很难的，需要强大的自信心和意志力，但只要我们能够坚持，并为此做漫长的准备，坚持下去，就有可能获得属于自己的成功，也就是实现了质的飞跃。

也许你会说："我一直都想成功，也试过了很多次，但一直都没有好的结果。"很多次是多少次？上百次？几十次？还是只有几次？人生的道路太艰难、路途太坎坷，而坚持意味着一直坚持下去……

看看"美国名人榜"上那些名人的经历，你就可以发现，那些功业彪炳千秋的伟人都受过一连串的残酷打击，但是他们高瞻远瞩、充满信心，意志力比一般人更强一些，坚持得更久一些，从容不迫，最终取得了成功。

有一位这样的年轻美国人，他的父亲是一个赌徒，母亲是一个酒鬼。父亲赌输了打母亲，又打他；母亲喝醉了也拿他出气。他感受不到人生的乐趣，于是下定决心要走一条与父母迥然不同的路，活出个人样来。

做什么呢？他想到了当演员——当演员不需要文凭，更不需要本钱。不过，他显然不大具备当演员的条件。他的长相就很难使人有信心，又没有接受过任何专业训练，但是他认为，这是他今生今世唯一出头的机会。

于是，年轻人来到了好莱坞，找明星、找导演、找制片人……找一切可能使他成为演员的人请求，但他一次又一次被拒绝了……一晃两年过去了，他穷困潦倒极了，身上全部的钱加起来都不够买一件像样的西服。

他想，既然不能成功当演员，能否换一个方法？他想出了一个"迂回前进"的方法：写剧本，待剧本被导演看中后，再要求当演员。幸好此时的他，已经不是刚来时的门外汉了。两年多的耳濡目染，他已经具备了有关电影剧本的基础知识。

当时，好莱坞共有500家电影公司，他带着自己写的剧本去拜访所有公司。三轮的拜访、1500次的拒绝，可以耗费一个普通年轻人所有的热情与激情。但他并不是普通的年轻人，他决定开始第1501次的拜访。

终于，一个曾经多次拒绝过他的导演感动了，对他说："我可以给你一次机会，但我要把你的长剧本改成电影，就让你当男主角，看看效果再说。如果效果不好，你便从此断绝这个念头吧！"

为了这一刻的到来，年轻人已经做了漫长的准备，现在终于可以如愿了。第一集电视剧创下了当时全美最高收视率，他成功了！这部电影就是之后红遍全世界的《洛奇》，而这位年轻人即席维·史泰龙。

假设，在第三轮拜访之后，席维·史泰龙就停止了第1501次的拜访，现在还有这个巨星吗？还有他参与的电影佳作吗？还能成就他美好的梦想吗？相信你我心中都有答案。是坚持引发了质变，引导席维·史泰龙赢得了成功。

"二战"的三巨头之一、英国首相丘吉尔是一个著名的演说家。他生命中的最后一次演讲全过程大约持续了20分钟，但全程他只讲了两句话，而且都是相同的：坚持到底，永不放弃。

每当一个问题出现的时候，每当一个挑战到来的时候，我们都应该坚持住，量变导致质变，没有人会知道下一秒将发生什么，如果有了坚持的勇气，只要这一秒不放手，坚持下去，下一秒就有可能出现质变的奇迹。

如果你现在还没有有所成就，你不妨时刻问丁自己："我坚持了吗？"提醒自己坚持不懈地去努力，并且坚持到底。坚持、坚持、再坚持，你将无往而不胜。这个成功原则可用，而且永远适用。

如果每天都能进步

持续不断的进步就是成功。

成功是一个无比漫长的过程,卓越者之所以成功,平庸者之所以失败,往往不是因为个人能力,而是在于耐心。因为前者坚持每天进步一点点:今天比昨天进步一点点,明天比今天进步一点点。

每天进步一点点,听起来好像没有冲天的气魄,没有诱人的硕果,没有轰动的声势,可细细琢磨一下:每天进步一点点,持之以恒、坚持不懈、积少成多,这就是"水滴石穿"般的力量,不容小觑。

香港海洋公园里有一条大鲸鱼,虽然重达 8600 公斤,却能自如地向游客表演各种杂技,而且还能跃出水面 6.6 米,这是鲸鱼自身身高的五倍左右。面对这条创造奇迹的鲸鱼,有人向训练师请教训练的秘诀。

"很简单,"训练师回答,"在最初开始训练时,我们会先把绳子放在水面之下,使鲸鱼不得不从绳子上方通过,每通过一次,鲸鱼就能得到奖励。渐渐地,我们会把绳子提高,只不过每次提起的幅度都很小,大约只有两厘米,这样鲸鱼不需花费多大的力气就有可能跃过去,并获得奖励。于是,鲸鱼便很乐意地接受下一次训练。随着时间的推移,它跃过的高度逐渐上升,最后竟然达到了 6.6 米。"

通过训练师的回答，我们可以看出，他们训练鲸鱼成功的诀窍，就是每次给鲸鱼加高两厘米，也就是让鲸鱼每次进步一点点。正是这微不足道的一点点积累起来，天长日久，最终实现质的飞跃，在不动声色中创造了一个震撼人心的奇迹。

有一个洛杉矶湖人队教练，他也以"每天进步一点点"这个观念作为自己的执教之道。

洛杉矶湖人队负责人以年薪120万美金聘请了一位教练，他们希望教练能够通过高明的训练方法帮助队员们提升战绩。但是，教练来到球队之后，却没有什么独特的训练方法，而是对12个球员这样说道：

我的训练方法和前任教练一样，但是我只有一个要求，你们可不可以每天投篮进步一点点、传球进步一点点、抢断进步一点点、篮板进步一点点、远投进步一点点，每个方面都能进步一点点？

天啊！这是什么训练方法？负责人在心里偷偷捏了一把汗。不过，很快他就改变了自己的态度，他不得不佩服起教练来。因为在新季度的比赛中，湖人队大败其他球队，勇夺NBA总冠军。

对于自己的"战果"，教练总结说，因为12个球员每一天在五个技术环节中分别进步1%，所以一个球员进步5%，而全队进步了60%。这些天来，他们每天坚持进步一点点，可想而知他们的进步有多大……

古人云："苟日新，日日新，又日新。"进步就是在向前走，就是今天比昨天强，就是对现状有所突破，就是用一种崭新代替一种陈旧，而且是每天都如此。实际上，人生就是一个追求比昨天更卓越的过程。

一个人，如果每天都有进步，哪怕是1%的进步，不仅能彰显自己积极进取的美德，而且能积累一种超凡的技巧与能力，远比其他人更容易得到发展的机遇，获得更多的资源和平台，从而进入卓越者的行列。

美姗身材瘦小、貌不惊人，而且只有高中文化，在一家较有名气的外资企业任文员，而且同时服务于两位不同国籍、有着不同文化背景的老板——一位德国籍老板，一位英国籍老板，工作难度简直不敢想象。

刚进公司那段日子是最难熬的。两位老板只把美姗当成一个只会干杂事的小职员，不停地分派些零七碎八的事情让她做，从来没有表扬过她。美姗自知自己学历低、经验少，她不断地学习，以此寻找让老板认识自己的机会。

除了把工作做得周到细致外，美姗把自己所能见到的各种文件全部都抢到自己的工作台上，只要有空就去认真翻阅琢磨，学习公司的业务。由于不熟悉德语、英语，美姗就不厌其烦地去翻看她的那两本"无声老师"——德文字典、英文字典，她坚定地相信："只要每天记住十个单词，一年下来我就会三千六百多个单词了。"

就这样，一年多后，美姗对公司的业务可以说是了如指掌，而且外语水平也在与日俱进，这为她进入通畅的良性工作循环状况做了坚实的准备，也让两位老板对她刮目相看，不久就提拔她做了秘书，负责公司的日常事务。

秘书工作需要协调各组的资源，帮助老板处理很多的问题，还有很多事情要学，这一切都是她之前没有接触过的。怎么办呢？于是，美姗又报考了职业培训班。每个周末都去参加培训，风雨不误。

可喜的是，现在，美姗的德语、英语都达到了专业水平，还熟练掌握了计算机操作，她积极向上、不断进步，不仅让两位老板承认了她，而且有时还愿意听从于她的"发号施令"。对于自己的成功秘诀，美姗给出的答案是：

"没有什么，就是每天进步一点点。"

每天进步一点点，没有不切实际的狂想，只是在有可能眺望到的地方奔跑和追赶，不需要付出太大的代价，只要努力，就可以达到目标。心里踏实、步履稳健，迎接明天的成功就不会心虚。

所以，你若想成为卓越者的话，就要牢记"每天进步一点点"的理念，随时随地保持一种求知若渴、虚心若愚的学习心态，每天问问自己："今天，我又学到了什么？""今天有没有进步和提高？""今天哪里可以做得更好？"……

只要我们每天进步一点点，那么一年就能进步365个一点点，持续这样做，人生中任何一点点差距都有可能在几年后相差十万八千里。每天进步一点点，是我们每天的目标，也是我们一辈子的事情。

痛苦的蛰伏是为了美丽的飞翔

蛰伏是一种蓄势待发的等待。

一个非常喜欢生物的小男孩，很想知道蛹是如何破茧成蝶的。一次，他终于在草丛中发现了一只蛹，便取回了家，饲养了起来，日日观察。

几天以后，蛹出现了一条裂痕，里面的蝴蝶开始挣扎，想撑破蛹壳飞出去。艰辛的过程达数小时之久，蝴蝶仍辛苦地执拗于蛹壳里，那对翅膀怎么也无法破茧而出。

小男孩不忍心看着蝴蝶如此痛苦，便找来了剪刀，将蛹壳剪开，帮助里面的小蝴蝶破茧而出。但让小男孩万万没有想到的是，那只小蝴蝶从蛹壳里毫不费力地出来后，因为没有经过破茧而出的锻炼，翅膀的力量太薄弱，以致根本飞不起来。不久，它便痛苦地死去了。

破茧成蝶的过程原本就非常痛苦，然而同时，只有经历了这一艰辛的过程，才能换来日后的翩翩起舞。的确，没有令人痛苦的蛰伏、没有付出大量的汗水，即使有再好的条件也展现不出羽化成蝶的美丽。

有时，蛰伏是一种蓄势待发的等待。每个人的一生中都难免遇到各种不同的逆境，懂得抱头藏尾蛰伏的人，并非逃避风险和困局，而是韬光养晦、审时度势，待到有朝一日亮剑时，便能一剑封喉，取得成功。

《麦田里的守望者》里有一句话是这样说的："一个不成熟男子的标志是他愿意为某种事业英勇地死去，一个成熟男子的标志却是他愿意为某种事业卑贱地活着！"李安用他那特有的执着坚韧、韬光养晦，给予了"成熟"最完美的诠释。

因此，平时的步伐不要总是很急促，尤其是处于逆境的时候，抽出一段时间来像蛹一样在茧中蛰伏，积聚能量、提升自我，如此一旦破茧，必将展现出最美丽的羽翅，接下来的路途可以最大限度地顺畅。

用一生的时间凿一口井

专注,让平凡变伟大。

给你一把神奇的钥匙,这把"神奇之钥"会构成一股无法抗拒的力量,它将打开你的心房,让你进入自己所有潜在能力的宝库,它将打开通往财富之门,打开通往荣誉之门,将使悲哀变成快乐,使失败者变为胜利者。

这把"神奇之钥"是什么呢?就是"专心"。一个人的精力有限、时间有限,在有生之年,能找准自己要做的事情已经不容易;更不容易的是能抗拒潮流的冲击,专心地将自己的事情做下去,哪怕一生只做好一件事。

对事情专心,一生只做好一件事,并非不求上进,也非懒惰。它是一种锲而不舍、全神贯注的追求,不但要有魄力,而且要有定力,能够摆脱其他外物的诱惑,不为一切名利权位等而中途改道。

以下是一个令人深思的漫画。

一个人在凿井,凿一处,还很浅,没有见水就换一处;又凿了很浅,还没有见水,就再换一处……他一连凿了好几处,都没有见水。另一个人在一处凿井,一直凿下去,终于见到了水。

不够专心,东一锹,西一锹,浅尝辄止,再松软的土地也凿不到水源,不如赶紧沉下心，坚持不懈地凿一口井吧。这正如罗曼·罗兰所言："与其花许多时间和精力去凿许多浅井，不如花同样的时间和精力去凿一口深井。"

就像凿井一样，我们不必要求自己"百事通"，只要专心于某一个方面，并努力朝着自己的方向走下去，保证在某一个方面有较深的造诣，这样就能够优秀出色，就能够出类拔萃，就能够有所作为。

还记得"水滴石穿"的故事吗？水本来是世间至柔之物，但是当水专注的时候，一滴一滴打在石头上，再坚硬的石头也会被砸出坑洞来。专注地做一件事情，你就有可能把平凡做成伟大。

20世纪80年代，有一位在国内有一定影响力的花鸟画家，他16岁时就举办了个人画展，其多幅作品被选送至日本、意大利、美国、法国、前苏联等国展出，被誉为"画童"、"小天才"。

一次画展招待会上，有人问画家："现在的画家很多，你是如何从众人中脱颖而出的呢？其间的过程是不是很不容易？"

画家微笑着摇摇头，回答："一点儿都不难，而且我差一点儿就当不了画家，小时候我兴趣非常广泛，也很要强。画画、游泳、拉手风琴、打篮球，必须都得第一才行。这当然是不可能的，有段时间我心灰意冷。"

众人都很好奇，画家解释道："老师知道后，找来一个漏斗和一捧玉米种子，让我将双手放在漏斗下面接着，然后捡起一粒种子投到漏斗里面，种子便顺着漏斗滑到了我的手里。老师投了十几次，我的手中也就有了十几粒种子。然后，老师一次抓起满满的一把玉米粒放在漏斗里面，玉米粒相互挤着，竟一粒也没有掉下来。"

顿了顿，画家接着说道："经老师指点后，我放弃了游泳、篮球等，这大半辈子都只坚持学习画画，这也许就是我画画比较好的原因吧。我想，如果我当初什么都学习的话，可能现在我什么都不是。"

有的人做了一辈子事儿，却没有一件能让人记住的；但有的人一辈子只做了一件事儿，就让人记住了。成功其实不是什么难事，最重要的就是你要能够收住心，能专心于一件事情。

在当今社会，急于成功、喜欢跳槽的人太多了，不少人跳来跳去，最终一事无成。如果你希望获得成功的青睐，那么就从现在开始，专心做好自己手头的工作，如此你自然会获得加薪升职的好机会。

也许，你觉得自己的岗位很平凡、自己的工作很普通，但是请你回头看看淘粪工人时传祥、石油工人王进喜、公交车售票员李素丽……他们中的哪一个不是在平凡的岗位上做出了不平凡的事迹？

有这样一个例子。

有位清洁工在世界著名的希尔顿饭店工作了将近20年，一直在洗手间做保洁工作。他总是将洗手间打扫得干干净净，甚至自己破费在洗手间放上一瓶高级香水，客人进来都能闻到一股芳香的味道，对他的良好服务交口称赞。

曾有朋友劝他换份工作，他却骄傲地说："我为什么要换工作呢？做洗手间保洁工作有什么不好？我相信我是世界上将保洁工作做得最好的员工之一，我是优秀的。而且我每天都能认识不同的人，有机会学习不同国家的语言，现在我的朋友遍布五湖四海，这些都是我最大的幸福。"

后来，不少客人冲着这位清洁工专门入住希尔顿，他也因此被提拔为后勤主管。

这位清洁员专心于自己的工作，将清洁洗手间的工作做到很棒，最后得到了公司的重用。试想，如果他见异思迁或是四面出击，被人拉去做这做那，到最后很可能是什么都做不好，他还会被公司认可吗？还会有所作为吗？

记住，无论你身在什么职位、从事怎样的工作，只要你坚持一心一意做好一件事，踏踏实实地去做好每一环节，不断地深入与积累，你就能造就出令人惊叹的成就，赢得更多的掌声，收获更多的成功。

没有一蹴而就的成功

珍惜每一次机会，付出每一次努力，脚踏实地才是永恒。

《喜剧之王》的男主角尹天仇是一个酷爱演戏的业余演员，他立志要成为一位专业的演员，却一直无法如愿。为了争取更多的演出机会，他不惜只当一位"跑龙套"的临时演员，而酬劳也只奢望能得到一个便当。

尽管仅仅只是一个临时演员，尹天仇却总是抱着一本《演员的自我修养》钻研，对于出演机会不断地争取却不断地遭遇失败，甚至别人有时候叫他"死跑龙套的"，他却笑着强调着："其实，我是一个演员。"

尹天仇的理想是成为一名演员，这也是尹天仇的扮演者、《喜剧之王》的导演周星驰的理想。而这部电影正是功成名就的周星驰借助尹天仇这个角色，将自己早年跑龙套、拼命争取出镜机会的生涯呈现在了银幕上。

换一句话说，每个人都看得到成功的曙光，但奋斗的历程却鲜有几人知晓。"正是因为多年跑龙套的辛酸经历，周星驰在不断地学习和积累中，从默默无闻到一鸣惊人，最终登上了香港电影'喜剧之王'的宝座。"一位资深电影评论员这样说道。

没有人生下来就是大明星，一出道就担任主角的幸运儿毕竟是少数，大多数明星无论怎样天生丽质或演技出众都是从小角色开始演艺生涯的，经历或长或短的龙套生涯后，量的积累达到了某一高度，才有可能成为响当当的巨星级演员。

和明星们一样，没有人生下来就是成功者，我们必须在人生的道路上不断经历风风雨雨，积累起丰富的经验、锻炼出高超的技术、给人留下专业的印象、赢得良好的声誉，最后才会做出一番作为。

相信很多人都见过海鸥的起飞：海鸥飞翔的时候，不是像大部分鸟儿一样直飞向天，而是需要经过很长一段时间缓慢地、低低地滑翔才慢慢地张开翅膀，然后一下子飞向天际、穿云破雾、上下盘旋……

有些人像海鸥一样踏踏实实、默默无闻地做事情，这个过程是缓慢而不易察觉的，等他们各方面的能力已经超出本职要求，有实力向更高层挑战的时候，他们就会获得加薪升职的好机会，仿佛被幸运女神褒奖了一样，这就是量变到质变的体现。

日本"经营之神"松下幸之助年轻时曾经在一家电器商店当过学徒，同时在这家店里帮工的还有另外两个学徒，他们都是同时进入这家商店的。开始时，三人薪水很低，另两个学徒时常发些牢骚和抱怨，对工作日渐马虎起来。

松下幸之助以前从来没有做过电器方面的工作，这次到了一家电器商店工作，面对着那么多的电子产品，他感到了自己的无知，因此，他每天都比别人晚下班，用这些时间阅读各种电子产品的说明书；当其他两个同事外出休闲的时候，他参加了电器修理培训班。他花了大量的时间在学习电器知识上面，因为他下决心要成为这方面的行家。

终于，通过不断地努力，他从一个对电器一窍不通的学徒变成了一个能够给顾客清楚明了地讲解电器知识的专家，并且还可以自己动手修理与设计电器。这一切努力都没有白费，店主将这一切都看在眼里，对松下幸之助的这种学习精神非常赏识，不久便将他由普通学员变成了正式员工，并且将店里的很多事情都交给他处理。

无疑，这些工作经历让松下幸之助成为了电器方面越来越专业的人，这为他以后的创业打下了坚实的基础。与之相反，他的两个同事最后的结局却是：因为一直没有学识上的进步，最终被商店老板解雇。

由此可见，成功所需要的一切因素都需要靠务实努力来获取；大量有用的知识，要靠扎扎实实地学习来获得；克服困难的力量，要靠一点一滴地刻苦努力来积淀；转瞬即逝的机遇，要靠脚踏实地地艰苦付出来把握。

相反，那些整天想要脱颖而出、一举成名的人，工作反而愈换愈差，漏洞和差错百出，永远无法到达成功的顶峰，因为他们没有求真务实地奋斗、没有踏踏实实地努力，根本无暇在自己的工作中积累经验、提升实力。

总之，成功的道路是靠一步一个脚印走出来的，从来没有一蹴而就的成功。无论你从事的是什么工作，只要你静下心来钻研业务，坚持不懈地努力，你就能成为本行业以一当十的人物，在自己的岗位上创造一个又一个奇迹。

第十三章　发现你自己，你就是你

大千世界，万物众生，无法苛求完美。相信自己，也让别人相信你，你就有了走出泥潭、攀向成功的力量。

塑造好自己的形象

从现在开始，从形象入手，培养你的信心。

先从形象入手，拥有完美的形象，这是建立自信新形象的开始，如此周围的人们一定会对你刮目相看，重新给你定位。最重要的是一个好的外在形象无疑可以增强自信，你就可以利用自信去"征战"成功了。

其实，社会上因为受外在形象的羁绊而不够自信、徘徊于成功边缘的人士比比皆是，但遗憾的是，绝大多数人没有意识到受羁绊的根源所在，更没有意识到改变形象是有助于突破这一瓶颈的有效途径。

实际上，为了使自己成为真正的成功者，就一定要塑造一个好的形象，先让自己看起来像个成功者。因为看起来像个成功者，可以增加你的自信，让你学着像成功者一样思考、行动，还可以比较容易地获得别人的认可。

下面故事中的艾尔莎就是成功改变自己形象的范例。

艾尔莎是一家广告公司的市场部经理，她是一个非常有才华、口才极好的女强人，但是35岁以前她面对需要唇枪舌剑地应对激烈辩争的对手时，总显得有些底气不足、缺乏信心，办事情也不够利落。

关于自己的形象，艾尔莎如是说："一身单调的灰色职业装以及一头冗长的头发，让我在谈判的关键时刻备感压抑，一遇到强大的对手时，我就有些不知所措地慌张，这真是一件恼人的事情。"

一个偶然的机会，艾尔莎认识了一位形象设计师。在设计师的坚持下，艾尔莎剪掉了留了多年的长发，修剪成了利索的短发；在设计师专业的指导下，艾尔莎又换上了一身庄重并富有朝气的高档套装。

"艾尔莎缺乏自信，源于先前大众化的外在形象抑制了她更高标准的追求，以及降低了她身为企业领导人的权威度，为此我从艾尔莎的形象入手，让其形象与其能力、地位相符合，我相信这可以激发艾尔莎释放被压抑了的潜能。"形象设计师自信地说。

果真，每次艾尔莎以优雅干练、精神饱满的面貌出现于谈判场上时，她总是能自信地阐述自己的想法，坚持自己的立场，游刃有余地坚守底线，而对手只能屈服在这个焕然一新的女强人面前。

许多成功者都很重视个人形象。领导学形象专家乔·米查尔曾说："形象如同天气一样，无论是好是坏，别人都能注意到，但却没人告诉你。"查尔斯·狄更生也曾说过："无论做什么，保持你的外形。"

无论你有多大的年纪，是女人都是美丽的，是男人都是潇洒的。穿比实际年龄小五岁的服装，换一个时髦的发型，走路步伐加大15厘米，加快速度，说话声音大20分贝，在走廊与人热情地打招呼……这将标志着你已经开始建立自信的形象了。慢慢地，你的自信心就会不断增强。从现在开始，从形象入手，培养你的信心吧。

被上帝咬过的苹果

世界并不完美，人生当有不足。

在生活中，你是否会因为自己比别人矮而自卑？你是否为自己缺乏健美的身材而气愤不已？你还在因为自己某方面的缺憾而自怨自怜吗……请警惕这些想法，如不能及时疏导的话，你将会丧失信心和勇气。

"金无足赤，人无完人"，每个人都是不尽完美的，有缺陷没什么可怕，可怕的是我们表现出一副灰心丧气的样子来，如此热情与欲望就会被有意无意地压制封杀，如此内心的力量也就很难被激发出来。

所以，我们不要因为身上的缺陷而自暴自弃、悲观厌世，而是要学会坦然接受，平复心海浊浪，淡化心中的烦恼。等我们心平气和地看待自己时，有所作为的心灵行动才会真正开始，有价值的人生内容也就从此而生了。

有位电车服务员的女儿，一直渴望成为明星。可惜，在外人看来，她并不具备成为明星的条件，她长了一张不美的大嘴，还有一口龅牙。当她第一次在夜总会里演唱时，她千方百计地想用她的上唇遮掩她的牙齿，期望观众不会注意她的龅牙而去专心听她的演唱，结果适得其反，台下的观众看她滑稽的样子，不禁大笑起来，女孩红着脸走下了台。

现场的一位观众觉得她很有歌唱才华，他很率直地告诉她说："刚才我一直在专心欣赏你的歌唱表演,我看得出来你想掩饰的是什么,你害怕别人注意到你的龅牙,对不对?"女孩听后,一脸尴尬。接着,他又说:"龅牙怎么了?没有人会在乎的,也许它还能够给你带来好运呢。"

听了这位观众的忠告,女孩打算此后不再掩饰自己的龅牙。每当她在唱歌的时候,就尽情地把嘴巴张开,把所有的精力都置于歌声中。最后,她成为一位在电影及广播界享有盛名的双栖红星——凯茜·桃莉,甚至很多喜剧演员都来模仿她唱歌的模样。

由此可见,别人怎么看自己的缺陷不重要,重要的是自己敢于接受并正确面对这个事实,而且除了你自己没有人会刻意在乎你的缺陷。乐观地面对缺憾,它就不会成为阻碍我们自信的"绊脚石",还会变成我们自信的动力。

事实上,如能以豁达乐观的心态面对缺陷,它也不失为人生的另一种完美。就像断臂的维纳斯至今流芳万代,正是"缺憾"成就了它的经典;月亮有圆有缺,但也正因为此,它才留住了美丽。

有一句话这样说:这个世界上所有的缺陷都是被上帝咬过一口的苹果。这样的比喻是何等的新奇而幽默,又是怎样的从容淡定、豁达乐观,这样一句鼓励的话语还能成就一个人的自信,改变他们的人生。它来自于这样一位盲人的故事。

一个人双目失明,从小为自己的这一缺陷而自卑不堪。夜深人静的时候,他常常悲观地认为自己这双"瞎了的"眼睛从一开始就是不完美的,且再也没有能力扭转。于是,他放弃了任何追求,浑浑噩噩地消度人生。

可是,他的这一思想并没有一直持续,一次偶然的机会竟然得到了彻底的改变。

原来，这位盲人遇到了一位智者。智者对他说了这样一番话："世上每一个人都是被上帝咬过一口的苹果，我们都是有缺陷的人，有的人缺陷比较大，是因为上帝特别喜欢他的芬芳，多咬了一些。"

听了智者的话，盲人犹如醍醐灌顶。原来每个人都有不足，不光只是自己有缺陷啊，他的心情顿觉开朗起来。从此，他不再自卑于失明，而是将这看作是上帝对自己的特别厚爱。他开始振作了起来，接受命运的挑战。

后来，经过一番辛苦的努力，他成了远近闻名的优秀按摩师，为许多人解除了病痛的折磨。

的确，正如故事中的智者所言，我们每个人都是不完美的，每个人都是"被上帝咬过一口的苹果"。

要知道，上帝很吝啬，也很公平，他绝不肯把所有的好处都给一个人，既然给了你美貌，就不肯给你智慧；既然给了你金钱，就不肯给你健康；既然给了你才智，那么相貌上就会苛刻一点儿……人类历史上有太多的天才俊杰都"被上帝咬过一口"：失明的文学家弥尔顿、失聪的大音乐家贝多芬、不会说话的天才小提琴演奏家帕格尼尼……

人人都有不足，当你还执着于自己身上的某个缺陷时，不妨想想"每个人都是被上帝咬了一口的苹果"这句话，正是由于上帝的特别喜爱，你的人生才被狠狠地"咬了一大口"，你又何必悲伤呢？

当你从容淡定、豁达乐观地接受自己所有满意与不满意的地方，把缺陷当作上苍给你的礼物时，你就会从内心滋生出自信的力量，呈现给别人一个优秀的你，生活必然就会变得明朗起来，也就更容易打造出一个辉煌的人生。

发现你自己，你就是你

无论发生什么事，都要坚持做自己。

生活中，人们总是会或多或少地拿自己和别人相互比较。比较，可以帮助我们发现自己和他人的差距，激发自己的上进心，不断地提升自己。但胡乱对比，总想成为第二个谁，则会给自己造成巨大的挫伤和打击。

珍妮身材高挑，脸上带着可爱的婴儿肥，给人的感觉既美丽又亲切。因为出色的容貌和身材，她被一个好莱坞的资深经纪人相中，经纪人推荐她去参加一个大型的选美比赛，优厚的奖金使珍妮动了心，她便跟着经纪人来到了好莱坞。

这场比赛十分精彩，选手们来自美国各地，她们各有各的风采，但都非常漂亮。在激烈的竞争下，珍妮通过了一轮又一轮的淘汰赛，和其他四名选手一起杀入决赛，竞争冠军的位置。为了让这些决赛选手能够休息一下调整自己的状态，大赛组织者给了选手们半个月的准备时间。

接下来，珍妮开始积极地准备决赛，她分析了几个决赛选手，并将一个叫艾琳的选手当作了自己的潜在对手。艾琳具有天生的贵族气质，脸上没有一丝赘肉，五官清晰而精致，显得冷艳而神秘，她每次都能获得评委的好评。面对这样优秀的对手，珍妮有点儿自卑了，她那张肉乎乎的脸绝对没有一丝高贵和神秘可言,她决定要改变自己,在决赛之前让自己瘦下来,能够和艾琳一样。

珍妮开始了疯狂地减肥,每天只吃一点儿低热量的蔬菜和水果,完全不吃主食,在短短的几天内瘦了十斤。到决赛的那一天,当带她参赛的经纪人看到她的样子时立刻惊叫起来:"你怎么变成这个样子了?"原来,经过短期减肥,珍妮严重营养不足,脸上的双颊也瘦得凹陷下去,神色显得非常疲倦,肌肉和皮肤也显得松弛。

"本来你很有可能赢得冠军,但现在的样子看来几乎是没有希望了。那些佳丽们大都身材消瘦,颇具骨感美,婴儿肥正是你与众不同的风格,使你能够凸显出来。遗憾的是你没有看到自己的这一优点,反而去效仿他人,所以,你注定失败。"经纪人用无法掩饰的懊悔口吻说。结果不出这位经纪人所料,珍妮果然失败了。

我们的生活中有很多珍妮,这些人其实本来很有自己的特色,却因为盲目地效仿别人而否定和破坏了自我价值,内心一直处于迷惘之中,如此是无法锻造出自信的,这也是很多人失败的根源。

德国哲学家莱布尼茨曾经说过:"世界上没有两片完全相同的树叶。"其实不只是树叶,人也是如此。每一个生命都以独特的姿态存在着,展示着自己独特的个性,具有自己独一无二的意义。

正如阿伦·舒恩费教授所说:"对于这个世界来说,你是全新的,以前从没有过,从天地诞生那一刻一直到现在,都没有一个人跟你完全一样,以后也不会有,永远不可能再出现一个跟你完全一样的人。"

成功学大师卡耐基也曾告诫我们:"发现你自己,你就是你。记住,地球上没有和你一样的人……在这个世界上,你是一种独特的存在。你只能以自己的方式歌唱，只能以自己的方式绘画。你是你的经验、你的环境、你的遗传所造就的你。"

由此可见，你就是你，没有人能够代替你，你也无法替代别人。我们每一个人都是地地道道的"主角"。只有充分认识到自己独一无二的地位，才有可能获得最大程度上的自信，进而活出一个真实的自我。

对于这个道理，米卡·韦伯历尽波折才明白。

米卡·韦伯的妈妈很守旧，她认为米卡一定要像自己一样贤惠，做一个传统意义上的家庭主妇。所以，米卡一直在跟着妈妈学习穿衣打扮、为人处世，但她总是觉得自己是不被人喜欢的。

后来，米卡嫁给了一个比自己年长几岁的男人。婆家是个平稳而自信的家庭，他们的一切优点在她身上似乎都无法找到。米卡总想尽可能地做得像他们一样好，但她就是做不到，不是表现得太活跃，就是感到无比沮丧。她认定自己是个失败者，变得喜怒无常，甚至想到了自杀……

但是，米卡没有自杀，她反倒真的像变了一个人。这一切，都源于她与婆婆一次偶然间的谈话。婆婆谈到她培养孩子的经历时，对米卡说道："无论发生什么事，我都坚持让他们坚持做自己。"

"坚持做自己"。终于，米卡从困境中明白过来，原来她一直都在勉强自己去做一个自己并不大适应的角色。于是，她开始寻找自己的个性、观察自己的特征、注意自己的外表、风度、挑选适合自己的服饰，并试着参加一些小组活动。

过了一段时间，米卡·韦伯终于发生了变化，她感到快乐多了，这是她以前做梦也想不到的。此后，她还把这个经验告诉了自己的孩子们：无论发生什么事，你们都要坚持做自己。

米卡·韦伯的转变，实际上就是信心的培养。保持本色才是最大的成就，米卡·韦伯后来的一系列表现，都是强化自我价值的举动，当她找到自我价值时，她的自信自然也就有了。

总而言之，你就是你人生的唯一主角，你不可能成为别人，更没有必要成为别人。不要浪费一秒钟为自己不是别人而苦恼，保持自我本色和自我风格，充分展示和发扬你的自信，你就能主宰自己的命运。

当然，这并不是让你自以为是、故步自封。你有某些方面的不足，借鉴一些成功者的想法和做法是十分必要的，但一定要根据自己的特殊性去借鉴和模仿，并且融入一些真正属于自己的东西。

积极的自我暗示，让你潜能无限

积极的自我暗示是一种神奇的力量。

自我暗示对人的心理作用很大，有人曾说："一切的成就、一切的财富都始于一个意念。"说得更浅显全面一些就是：你习惯于在心理上进行什么样的自我暗示，就是你成与败的根本原因。

自信主动意识，或者称作积极的自我意识，而自信意识的来源和结果就是经常在心理上进行积极的自我暗示。反之也一样，消极心态和自卑意识的来源和成果，就是经常在心理上进行消极的自我暗示。

自我暗示是一种很神奇的力量，这两种不同的心理暗示会给你带来两种不同的思考方式和行为。

有一个小女孩，她的左额头上有一块小小的伤疤，这让她觉得自己很丑，对自己的形象非常没有信心，不愿意和别人做朋友，不愿意和别人打招呼，甚至不愿意抬头走路，每天情绪都很低落。

这天，妈妈送给女孩一只漂亮的发卡，说把这个发卡别在头发上就能挡住那块伤疤了。女孩对着镜子一看，发卡确实遮住了伤疤，她立刻觉得自己漂亮了，于是就高高兴兴地别着发卡上学了。就在门口，她刚和妈妈说完再见，与对面迎面而来的人撞上了，她面带微笑地说了声"对不起"，就走了。

一整天，女孩一想到发卡已经挡住那块伤疤，就感到特别开心，她觉得同学、老师好像都在注意自己，她主动和同学们打招呼，上课听讲也更认真了，每个人对她都比平时更亲切，就连几个平时不怎么说话的同学都对她很热情。

"妈妈，你送给我的这个发卡实在太神奇了！今天我感觉特别棒，从来没有感觉这么好过。"回到家里，女孩兴奋地和妈妈说。接着，她就迫不及待地把当天在学校发生的一切和妈妈讲了。

妈妈愣了一下："你能有这样的改变真是好事，不过……不过女儿，你今天并没有戴这个发卡啊，你看，早上你出门后，我在门口捡到了它！"

看完这个故事，有些人不禁要问，这个女孩为何发生了由不自信到自信的变化呢？答案就是受到了积极的自我暗示的作用，她心里一直在暗示自己那个漂亮的发卡已经挡住了自己的伤疤，现在的自己很漂亮。

由此可见，在心理上对自己进行积极的自我暗示，对培养自信心、改变个人现状是非常重要的。而信心是一种心理状态，是一种可以用自我暗示诱导出来、通过一定的方法修炼出来的积极的心理状态。

正如詹姆士·艾伦在《人的思想》一书中所说："一个人所能得到的，正是他们自己思想的直接结果……有了奋发向上的思想之后，一个人才能奋起、征服，并能有所成就。如果他不能奋发他的思想，他就永远只能衰弱而愁苦。"

世界上本没有什么依仗魔力便获得成功的人，谁也不是天生就伟大杰出的。其实，开始时，人们是在同一条起跑线上，只是那些获得非凡成就的成功者，他们都懂得如何善用自我暗示的神奇力量。

1964 年至 1975 年间，他率领加利福尼亚大学洛杉矶分校校队十次获全美大学冠军、七次蝉联大学联赛冠军、八次以不败的纪录获联合会赛冠军、曾连续 88 场保持不败……他就是美国篮球史上最杰出的大学教练员约翰·伍登。

约翰·伍登是一个乐观自信的人，他的成功哲学就是：不断地对自己进行正面而积极的自我暗示。每晚睡觉前，伍登一定会告诉自己："我今天表现得非常好，明天还要努力，表现得比今天更好。"

伍登的乐观自信不单单体现在打篮球上，在生活中也是如此。无论遇到怎样的事情，伍登都是一副乐观自信的样子，有人问及原因，伍登笑着回答说："无论我们所生活的世界如何，只要我们能不断地运用积极的'自我暗示'，就能够发现这个世界有着无限的可能，也因此而激发出内在的潜能来。"

总之，积极的自我暗示是一种神奇的力量，在做任何事情以前，如果你能够用积极的思想充分地暗示自己，就会激发出自己的潜能，你会变得更自信，并且让自信的力量实现自己心中的目标，最终得偿所愿。

从现在开始，你不妨每天花上几分钟的时间全身放松，对自己进行积极的心理暗示，给自己输入积极的语言，比如"我的心情很愉快"、"我能行"、"我是最棒的"、"我一定能够成功"……

天地万物都值得欣赏

当你学会从自我欣赏中收获信心，你就能发挥出最大的潜能。

每个人都渴望被欣赏，当一个人得到欣赏时，他就会产生一种发挥更大才能的欲望和力量。

欣赏分为外界欣赏和自我欣赏。其中，自我欣赏来自内心，是自我满足的一种表现，它可以激发自信心。信心增强了，促使我们发挥出最大的才能，发挥更大才能，自信心就会再度增强，鼓励我们获得更大的成功。

欣赏自己，似乎会被不少人认为是自以为是、孤芳自赏。其实不然，欣赏自己，你将会更加清楚地认识到自己的价值，一个有价值又有自信的人怎么会没有魅力呢？每天信心十足地面对工作、生活有何不好？

更何况，在一个人事业的开始阶段，是很少能得到别人的赞赏的，因为他取得的小小成就是引不起别人注意的。在这个时候，你一定要学会从自我欣赏中激发自信心，学会自己激励自己，自己给自己打气。

出生时由于医生的疏失，中国台湾的黄美廉女士脑部神经受到严重的伤害，自幼就患上了脑性麻痹症，以致颜面、四肢肌肉都失去正常作用，她不能说话，嘴还向一边扭曲，口水也止不住地往下流，但是黄美廉女士快乐地用手当画笔，画出了加州大学艺术博士学位，也画出了自己生命的灿烂。

以黄美廉的成就，就是一般正常人都很难达到，更何况她是一位重度脑性麻痹患者。为何她看起来始终是那么快乐呢？到底她有什么秘诀呢？黄美廉到处办自己的画展，现身说法，告诉了人们自己快乐的秘诀。

一次演讲会上，有个学生直言不讳地问她："请问黄博士，您为什么这么快乐呢？您从小身有残疾，您是怎么看待自己的，有没有过别样的想法？"对一位身有残疾的女士来说，这个问题是那样的尖锐而苛刻，但黄美廉朝着这位学生笑了笑，转身用粉笔重重在黑板上写下一句话：我怎么看自己？

写完后，黄美廉回头冲在场的学生们笑了一下，接着又在黑板上龙飞凤舞地写着自己对问题的答案。

1. 我很可爱！
2. 我会画画、会写稿！
3. 我的腿很美很长！
……

台下传来了如雷般的掌声……

欣赏自己，就能发觉自身的优点，就有了坚定的自信心，也就有了战胜各种困难的能力。试想，如果黄美廉没有自我欣赏的心态的话，她很有可能在半路上自暴自弃，恐怕黄美廉这个名字就鲜为人知了。

知道了自我欣赏的重要性后，也许你又会产生这样一个疑问：我在自己身上找不到值得欣赏的地方。如果你这样想的话，那就是还没有了解自我欣赏的真谛，其实，每个人身上都有值得欣赏的地方。有一则寓言故事很好地说明了这一点：

一个阳光暖暖的下午，动物们躺在草地上聊天。

"哎哟，再翻个身晒晒，"熊一边挪动着笨拙的身体，一边说道，"我真羡慕小兔子，它那么灵活，可以在草地上飞速奔跑，跑起来就像一阵风。而我却不行。"

听到熊的赞美，小兔子有些害羞了，它连连摇头，说道："我最羡慕的是长颈鹿，它站得高、看得远。"

兔子的赞美令长颈鹿意外，但长颈鹿一直羡慕的是小猴子，于是它说："我羡慕小猴子，它既能爬得像我一样高，也可以在地面奔跑。"

而小猴子却说："刺猬真令我羡慕不已，它浑身都是刺，谁都不敢欺负它。"

刺猬向来胆小，它说："我最羡慕的是熊大伯，它的胆子那么大，力气也大。"

这话令熊十分高兴，它笑了，说道："看来我们都有不同于其他伙伴的地方，是一个与众不同的自己，我们都有别人羡慕、称赞的地方，所以，我们应该为自己自豪，应该学会欣赏自己。"

一根青葱有它独特的味道，一棵小草也有一份新绿，一片枯叶也可化作肥料，一粒细沙也可成为建造高楼的材料……足见，天地万物，任何事物都有自己独特的价值，都有值得欣赏的地方。

无论你是谁，你需要时常做的一件事情就是欣赏自己。你有过自我欣赏吗？你的手长得很好看、你的眼睛很清澈、你的智商很高、你的知识很丰富、你的身材很棒，等等，这些都可以成为自我欣赏的理由。

当自我欣赏开始的时候，也是自信心成长的时候。

让我们学会欣赏自己，挖掘自己的信心，让它引领成功吧。

拥有实力让你更加自信

有实力，自然有魅力。

自信绝非自负，更非痴妄，自信要建立在实力的基础上才有意义。没有实力，就谈不上信心，即使有信心，也顶多只能是虚张声势、故弄玄虚、缺少底气。这种所谓的"自信"，不但不能成就人，还害人不浅。

有这样一个寓言故事。

在一片茂密的森林里，生存着大大小小的许多动物，勇猛的老虎是这个动物王国的大王。有一次，老虎有事情要出远门，便将森林里的大小事务交给了宰相狐狸。老虎走后，狐狸感觉自己是大王了，于是说话办事显得威严、庄重。

可是，这种威严的日子没过几天就结束了。原来，一头野猪把一只小松鼠给欺负了。小松鼠打不过野猪，哭着找到狐狸要它给自己做主。可是，当野猪怒目圆睁、气势汹汹地走过来时，狐狸吓得瑟瑟发抖，全然没有了以前的神气。所有的动物看在眼里，对狐狸的做法感到很是失望。

幸好第二天老虎办完事情打道回府了，狐狸把大王的位子还了回去，并把野猪欺负小松鼠的事情告诉了老虎。老虎一声长啸，把野猪叫来严厉地批评了一通，并让野猪向小松鼠道了歉，其他的动物都拍手叫好。

后来，很多动物都开始有意地疏远狐狸，狐狸痛苦地对小松鼠说："你们为什么就不能像敬重老虎一样敬重我呢？我也是做过大王的啊，我的块头也不小啊，而且我相信我会是一个很好的大王。"

"你再怎么相信自己能做好大王又怎么样？你根本没有老虎的实力，没有力量来保护我们，你要看清楚这个事实。"小松鼠回答道。

狐狸自信自己能做好大王，但根本就没有保护其他动物的实力，怎么能够自信地处理好森林里的各种事务？它留给别人的是自吹自擂、夸夸其谈的坏印象，又怎么能够像老虎那样得到其他动物的敬重呢？

由此可见，没有绝对实力做保障，自信就无从谈起，再好的心理素质也如海市蜃楼般虚无缥缈。自信源于实力，只有建立在实力基础之上的信心才是真正的信心。

有了实力，我们就能站得更高、看得更远，对全局有清晰的认识，从而了解自己的优势与长处而不至于惊慌失措；有了实力，我们就可以掌握更多的资源，可以应付更大的困局，对未来也会多几分把握。

自信心建立在正确认识自己能力的基础之上，实力越强，一个人的自信心也就越强。也就是说，一个人只要有实力，那么无论他走到哪里、做什么工作，都可以信心满满，如此就能争取到获得幸福、成功的好机会。

一个人如此，企业更是这样。市场是瞬息万变的，每天的新增企业不知有多少，永远没有所谓的行业第一，最重要的落脚点还是不断地学习，提升自己的实力，唯有如此，才能以自信做"盾牌"，立于不败之地。

一年前，刘辰潇经营的第一家刘鱼头火锅店开业，因为做工精细、味道鲜美，餐厅门庭若市，天天爆满。但是由于其他店纷纷开始"跟风"，让刘辰潇内心有些着急了，他不知道自己是否能扛得住这些竞争者的挑战，时常坐在店里长吁短叹。

这时候，刘辰潇的妻子提出了建议："我们很容易被别人的气势打败，是因为我们没有征战商场的自信和勇气，常言道：变则通，通则久。我们不如做一些改变，暂且先提高自己的实力。"

经过一番思索后，刘辰潇开始直面现实，谋求变革。在秉承着自己的火锅店独特口味的基础上，他又增加了一些味道鲜美的特色产品，而且天天不重样。顾客吃得新鲜、吃得满心欢喜，生意变得红红火火，刘辰潇终于把悬着的心落下了。

有了强大实力做保证，自信必定源源不断，成功也将水到渠成。刘辰潇正是直面现实后谋求变革，增强了自身实力，提高了自己的信心并获得了成功。

总之，做人做事就必须要一步一个脚印，扎扎实实地打基础，踏踏实实地提高自己的能力和层次。只有实力强大了，你的自信才能够强大起来，你的机会就能极大地增加，如此你不仅能生存下去，而且还能茁壮成长。

那么，从现在开始扎扎实实地打好基础，稳健地培养自己的实力吧。